Biljana Nikolic

Opções de poupança de água para o município de Gracanica

Biljana Nikolic

Opções de poupança de água para o município de Gracanica

ScienciaScripts

Imprint

Any brand names and product names mentioned in this book are subject to trademark, brand or patent protection and are trademarks or registered trademarks of their respective holders. The use of brand names, product names, common names, trade names, product descriptions etc. even without a particular marking in this work is in no way to be construed to mean that such names may be regarded as unrestricted in respect of trademark and brand protection legislation and could thus be used by anyone.

Cover image: www.ingimage.com

This book is a translation from the original published under ISBN 978-3-659-81210-1.

Publisher:
Sciencia Scripts
is a trademark of
Dodo Books Indian Ocean Ltd. and OmniScriptum S.R.L publishing group

120 High Road, East Finchley, London, N2 9ED, United Kingdom
Str. Armeneasca 28/1, office 1, Chisinau MD-2012, Republic of Moldova, Europe
Printed at: see last page
ISBN: 978-620-8-14715-0

Índice

Resumo executivo

O objetivo do presente documento é avaliar as diferentes opções para aumentar a quantidade de recursos hídricos disponíveis para o município de Gracanica, a fim de reduzir a captação de água do lago de Gracanica. O lago Gracanica é o maior fornecedor de água da região central do Kosovo e a sua sobre-exploração está a afetar a sustentabilidade das condições de vida nesta zona.

Neste documento, são analisadas e discutidas três possíveis soluções alternativas para uma utilização mais eficiente deste precioso recurso, a fim de responder às seguintes questões: qual é a forma mais eficiente de aumentar a disponibilidade de água e reduzir a sobre-exploração do lago de Gracanica e quais são as formas de satisfazer a crescente procura de água e garantir a utilização sustentável deste recurso.

O município de Gracanica tem uma série de problemas ambientais causados por práticas não sustentáveis e necessita de formas mais sustentáveis para atingir o pleno potencial de desenvolvimento económico. Sendo rico em águas superficiais e subterrâneas e tendo uma localização geográfica adequada, este município tem um grande potencial de desenvolvimento.

As soluções alternativas para o município de Gracanica são o tratamento de águas residuais e a utilização de águas efluentes, a instalação de sistemas de águas cinzentas e a opção de recolha de águas pluviais. Estas alternativas visam utilizar a tecnologia adequada para proteger a saúde pública e o ambiente, satisfazer a procura de água e estabelecer as bases para a melhoria gradual do estado atual da gestão da água neste município.

Os aspectos positivos e negativos de cada alternativa mostram que a opção de recolha de águas pluviais representa a solução mais eficiente para a poupança de água, uma vez que utiliza uma fonte adicional de água que não tem sido utilizada nesta área. Os factores externos são a favor desta alternativa, uma vez que é economicamente eficiente, ecologicamente correta e socialmente aceite pela população deste município e não existem regulamentos legislativos que proíbam este tipo de utilização da água. Além disso, a tecnologia para implementar este tipo de sistema está disponível e é fácil de instalar e manter.

Como resultado, haverá recursos hídricos adicionais para uso doméstico, que cobrirão mais de 70% das necessidades domésticas de água. Desta forma, a captação de água do lago será aliviada, permitindo que o lago recarregue o seu potencial máximo.

Capítulo 1. Introdução

A água cobre 70,9% da superfície da Terra. Desta quantidade, apenas 3% é água doce. A água salgada cobre os restantes 93%. A maior quantidade de água doce, concisamente 68,7%, está presa nos glaciares, 30% está no solo e apenas 0,3% da água doce do mundo pode ser encontrada na superfície da Terra, em lagos, rios, lagoas, riachos e pântanos (water.epa.gov). Por conseguinte, embora a água na Terra em geral seja abundante, a água doce potável é escassa. A escassez de água potável representa um grande desafio nos dias de hoje, e a gestão correta deste precioso recurso é da maior importância para a sustentabilidade da vida na Terra. Por conseguinte, encontrar as formas mais eficientes de promover a sustentabilidade da utilização da água, bem como encontrar fontes alternativas de água, contribuiria para uma melhor gestão da água.

A necessidade de gestão da água é mais do que evidente no município de Gracanica. O município está a fazer um grande esforço para poupar água e limitar a sua utilização às necessidades básicas, bem como para informar os cidadãos sobre a importância de poupar água e restringir a utilização de água na zona. As restrições de água são mais frequentes no verão, mas também há restrições de água no inverno e noutras estações.

A população do município de Gracanica é abastecida pelas águas superficiais do lago de Gracanica, situado a cerca de dois quilómetros da cidade de Gracanica e que fornece água à região central do Kosovo. Para além do lago, a área é rica em águas subterrâneas. Foi demonstrado que a água proveniente destes recursos não era suficiente para satisfazer as necessidades, e os cidadãos são continuamente recordados de que devem reduzir ao mínimo o consumo de água. Também se verificou que a qualidade da água na região não satisfaz as normas relativas à água potável e que os níveis de água do lago Gracanica têm vindo a diminuir continuamente ao longo dos anos.

1.1. Declaração do problema

O objetivo deste documento é examinar as opções de poupança de água para o município de Gracanica que contribuirão para uma maior eficiência na utilização da água, bem como encontrar soluções secundárias para fornecer fontes de água adicionais que melhorarão as condições de vida dos cidadãos do município de Gracanica. Este relatório tem como objetivo apontar várias soluções possíveis para uma utilização mais eficiente do precioso recurso - a água, respondendo às seguintes questões:

1. Qual é a forma mais eficiente de aumentar a disponibilidade do recurso hídrico?

2. Como satisfazer a procura de abastecimento de água e estabelecer uma melhoria gradual do estado atual da utilização da água?

1.2. Delimitações

Os seres humanos planeiam de acordo com as suas necessidades. A necessidade de uma utilização mais eficiente da água é mais do que óbvia, o que pode ser constatado pelo facto de o lago Gracanica e o rio Gracanka estarem a secar e pelos constantes apelos dos funcionários para que se adoptem procedimentos de poupança de água. A disponibilidade deste recurso depende da queda de neve e da precipitação no inverno e, na maioria das vezes, não satisfaz a crescente procura de água. Por conseguinte, o valor da água é mais importante à medida que a sua escassez aumenta.

A importância de encontrar uma fonte secundária de água e de descobrir formas mais sustentáveis de utilização da água é necessária por duas razões: para melhorar a eficiência da utilização da água e, dessa forma, reduzir os consumos de água, e para encontrar formas de gerar uma maior quantidade de utilização da água para ajudar a melhorar a vida dos cidadãos do município de Gracanica. Por conseguinte, a resposta a estas questões é da maior importância para este município, porque a água é essencial para a vida e o bem-estar das pessoas. Além disso, a gestão adequada da água é importante para a sustentabilidade da área e para um maior desenvolvimento económico e social.

1.3. Estrutura do relatório

Este relatório começa com a análise do município em vários aspectos relacionados com as práticas de utilização da água. Na primeira parte da análise, é apresentado um quadro geral com o número de habitantes e a área abrangida pelo município de Gracanica. Em seguida, descreve-se a posição geográfica, o clima, incluindo a precipitação anual e a temperatura, e as caraterísticas geográficas, as águas superficiais, como rios e lagos, e a utilização das águas subterrâneas. Esta parte do documento também abrange a qualidade da água e os métodos de eliminação dos habitantes. No final da secção de análise, é apresentado um exemplo de um agregado familiar médio no município de Gracanica, a utilização média da água e os objectivos de uma utilização da água. A secção de análise também identifica os principais obstáculos e problemas relacionados com a utilização da água e a eliminação das águas residuais. Por último, são apresentadas e analisadas três das possíveis soluções para a poupança de água no município de Gracanica, utilizando os métodos de análise SWOT e PEST. Estas três opções serão objeto de uma análise mais aprofundada na segunda parte do relatório.

A discussão apresenta as três soluções alternativas para a poupança de água no município de Gracanica, com uma descrição exaustiva dos processos, dos procedimentos de instalação, dos benefícios e das desvantagens, bem como as estimativas da possível poupança de água em termos de quantidade de água utilizada e de poupança financeira. Com base em todas as análises e discussões apresentadas, são dadas recomendações e são tiradas conclusões com a respectiva fundamentação argumentativa, com base em todas as informações apresentadas no relatório.

Capítulo 2. Metodologia

2.1. Métodos e recolha de dados

O método utilizado para comparar as três soluções alternativas para a sustentabilidade dos recursos hídricos é a análise SWOT, que avalia os pontos fortes, os pontos fracos, as oportunidades e as ameaças de cada uma das alternativas.

A segunda avaliação foi feita utilizando o modelo de análise PEST, em que os factores externos, tais como os factores políticos, económicos, sociais, ecológicos e tecnológicos, influenciam o funcionamento de cada uma das opções.

A pesquisa exaustiva na Internet e a literatura forneceram informações adicionais sobre a descrição, os processos e as operações de gestão da água através de três sistemas diferentes de utilização da água. Além disso, a literatura e as fontes da Internet ajudaram na fundamentação teórica sobre os requisitos de qualidade da água e os processos de gestão das águas residuais num município.

A cooperação pessoal com os funcionários do sector dos serviços públicos no município de Gracanica forneceu informações sobre o estado atual da água e uma visão dos problemas que enfrentam neste momento, e o estágio no Departamento de Águas de Las Vegas NM, proporcionou a experiência prática na gestão sustentável da água, no tratamento de águas residuais, na utilização de águas residuais e nos requisitos de poupança de água.

Por último, a investigação pessoal quantitativa e qualitativa no município de Gracanica permitiu conhecer a distribuição da utilização da água num agregado familiar, bem como a opinião das pessoas sobre cada uma das soluções possíveis para a poupança de água, a sua disponibilidade para investir em sistemas alternativos de utilização da água, as suas afinidades e aversões e, por último, a sua opinião sobre a segurança da água utilizada por esses sistemas.

2.2. Crítica de origem

Todas as opções acima mencionadas combinadas proporcionaram uma informação mais completa e mais exacta sobre o tópico em discussão neste relatório e, com base nestes métodos, foram derivadas as recomendações e conclusões.

Capítulo 3. Análise

Esta secção tem como objetivo descrever o Município de Gracanica, apresentando informações detalhadas sobre os recursos hídricos do município, incluindo a quantidade de água utilizada, a qualidade da água e os métodos de eliminação de águas residuais. Tudo isto com o objetivo de identificar os problemas relacionados com a gestão dos recursos hídricos no Município. A segunda parte da secção de análise descreve um agregado familiar médio neste município e, com base na informação apresentada, identifica os principais problemas relacionados com a gestão da água. Como resultado, são apresentadas e analisadas três opções possíveis para resolver o problema da gestão da água, e mais sobre cada uma das três alternativas será abordado na secção de discussão do relatório.

3.1. Contexto geral

O município de Gracanica está localizado na parte central do Kosovo e a sua área territorial é constituída por 16 zonas cadastrais: Badovac, Batuse, Caglavica, dobrotin, Gracanica, Donja Gusterica, Gornja Gusterica, Laplje Selo, Lepina, Livadje, Preoce, Skulanevo, Susica, Suvi Do, Radevo e Ugljare. Com base nos dados de 2011, o município conta com cerca de 25 000 habitantes (plano de desenvolvimento municipal, 2014) e cobre uma área de 122,25 quilómetros quadrados (unhabitat-kosovo.org). É um município relativamente novo, legalmente estabelecido em 2008. Foi oficialmente proclamado como município na reunião de inauguração em 2009 (unhabitat-kosovo.org)

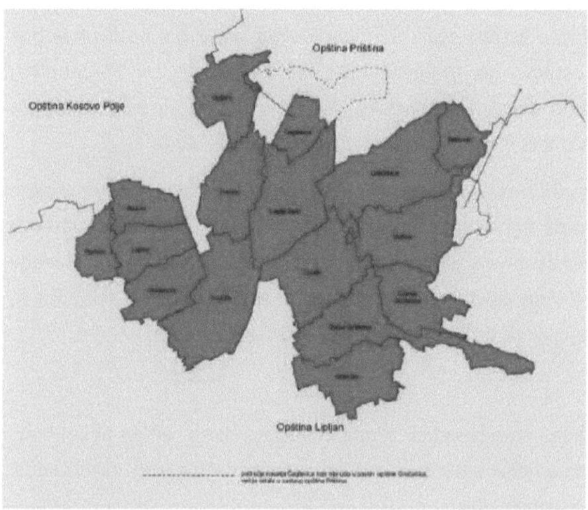

Figure 1 Cadaster zones of Gracanica Municipality (Source: Municipal Development Plan)

3.2. Localização geográfica

O município de Gracanica tem uma boa posição geográfica no Kosovo. Situado perto da capital do Kosovo, a cidade de Pristina, este município tem um bom potencial de desenvolvimento económico e industrial. O município também abrange a autoestrada Pristina-Skopje, com objectos industriais que seguem a estrada. Esta localização proporciona boas ligações à Macedónia e, estando na parte central do Kosovo, está relativamente perto de todas as partes importantes do Kosovo. Esta boa posição geográfica e a proximidade de Pristina fazem do município de Gracanica um local próspero, multicultural e vibrante para o comércio, o comércio e a habitação, com um elevado potencial de desenvolvimento (Plano de Ação de Gracanica 2010).

Figure 2 Geografic Position of Gracanica Municipality Map (Source: Municipal Development Plan

3.3. Abastecimento de água

A água potável no município de Gracanica é fornecida pela Companhia Regional de Abastecimento de Água (kta-kosovo.org). O abastecimento de água de Gracanica é efectuado principalmente através de um sistema de condutas que provém do lago de Gracanica. O lago de Gracanica, localizado a dois quilómetros da cidade de Gracanica, é o principal fornecedor de água potável a Gracanica, Pristina e à maioria dos locais habitados no centro do Kosovo. A capacidade deste lago artificial é igual a 26 milhões de metros cúbicos de água.

A estação de bombagem situada no local bombeia a água para fora do lago. A água está a ser transportada para a estação de tratamento de águas perto de Pristina, onde é tratada com cloro e sulfato de alumínio e, através do sistema de condutas, diferentes partes da área são abastecidas com água da cidade. De acordo com o Relatório Ambiental da AAE de Gracanica, a estação de filtragem é relativamente bem gerida. No entanto, considera-se que esta substância é cancerígena e que devem ser implementados métodos de purificação alternativos. A conduta principal transporta a água através de Pristina até à cidade de Gracanica, onde se ramifica para duas condutas diferentes: uma conduta transporta a água para oeste, para Laplje Selo, Preoce, Caglavica e outras aldeias, enquanto a outra conduta vai para leste, para Kisnica. A estação de bombagem no lago de Gracanica envia igualmente água para Saskovac e Susica. A aldeia de Susica possui dois reservatórios de acumulação que utilizam o método de queda livre para transportar a água para Susica e Badovac. Outra parte de Susica é igualmente abastecida por outra estação de bombagem. Dobrotin, Donja Gusterica e Livadje são abastecidos pela água da sucursal de Lipljan da Companhia Regional de Abastecimento de Água, enquanto Lepina, Batuse, Skulanevo, Radevo e Suvi Do são abastecidos a partir de fontes de água subterrânea - poços privados (Plano de Desenvolvimento Municipal, 2014).

O abastecimento de água pelo Município de Gracanica fornece água a um total de 3402 agregados familiares, enquanto os restantes 1098 agregados familiares não estão ligados à rede de água. A quantidade de água disponível depende principalmente da queda de neve e da precipitação ao longo do ano.

3.4. Eliminação de águas residuais

O sistema de águas residuais no território do município de Gracanica não é satisfatório. A falta de gestão das águas residuais e a inexistência de uma estação de tratamento de águas residuais causam a poluição de Gracanka, Pristevka, Zegovka, Janjevka, do rio Sitnica e do riacho Susica e representam uma séria ameaça para a saúde e o estilo de vida dos cidadãos deste município.

As águas residuais contêm organismos patogénicos que podem causar a eclosão de doenças se não forem higienizadas atempadamente. De acordo com os programas de prevenção de doenças, existem quatro grupos diferentes de agentes patogénicos: bactérias, vírus, protozoários e helmintas (www.fao.org) e podem representar um perigo grave para a saúde humana e para o estilo de vida. Por conseguinte, o problema da recolha, transporte e tratamento das águas residuais em Gracanica exige uma ação imediata.

Quadro 1 Localizações de eliminação de águas residuais (Plano de Desenvolvimento Municipal)

Settlement	Waste Water Recipient River	Purifying Collectors
Gracanica, Laplje Selo, Preoce, Kisnica	Gracanka River	NO
Dobrotin	Zegovka River	NO
G. Gusterica, D. Gusterica	Janjevka River	NO
Livadje	Susica Creek	NO
Ugljare	Pristevka River	NO
Lepina, Radevo, Skulanevo, Suvi Do	Sitnica	NO
Caglavica	Irrigation channels, sewer drains	NO

3.5. Qualidade da água

A qualidade das águas de superfície no município de Gracanica tem de ser melhorada. A principal razão para a poluição e o baixo estado da água é a prática da indústria, que se baseia na utilização insustentável dos recursos naturais e na poluição direta dos preciosos recursos hídricos da região.

O rio Gracanka está fortemente poluído pelas operações mineiras em Kisnica e pelo terreno mineiro perto da cidade de Gracanica. No passado, a mina de Kisnica descarregava continuamente no rio Gracanka as águas residuais provenientes da extração de minérios de chumbo, zinco e ferro. Atualmente, desde que as operações mineiras cessaram, as principais ameaças para o rio são os restos de terra nua da mina que não foram mitigados desde então. A sedimentação dos metais pesados nocivos para a saúde dos cidadãos ao longo dos anos resultou na cor castanha-avermelhada do rio Gracanka e indica que existe contaminação por ferro. Este rio e outros rios, como o Pristevka, estão também diretamente poluídos pela descarga descontrolada de águas residuais no local, sem tratamento prévio, e a presença evidente de algas no rio Pristevka indica a presença de excesso de matéria orgânica. (ver Apêndice 1, quadro 1: Presença de CBO em Gracanica).

Os relatórios sobre a qualidade da água potável mostram a elevada presença de calcário e, em alguns casos, não é bacteriologicamente limpa (unhabitat-kosovo.org). No entanto, a investigação da qualidade da água potável no Kosovo, a água testada para 33 elementos diferentes mostra que os níveis dos elementos na água potável estão abaixo dos limites da OMS e da UE (Berisha, Fatlume, Goessler, Walter 2013). Isto indica que a saúde das pessoas que bebem a água desta qualidade em geral não está em perigo. Além disso, não há confirmação pública de que a água é segura para beber e, por conseguinte, existe uma preocupação geral entre os habitantes deste município relativamente à qualidade da água. Por conseguinte, a maioria das pessoas limita a utilização da água da torneira à lavagem de roupa e a alguns cozinhados, e a utilização de água engarrafada como água potável tornou-se a prática geral.

3.6. Clima

O clima no município de Gracanica, de acordo com Koppen e Geiger, é classificado como Cfb com fortes traços de clima continental (http://koeppen-geiger.vu-wien.ac.at/). Caracteriza-se por Verões quentes e Invernos frios. Os climas mediterrânico e alpino devem-se ao facto de as montanhas circundantes estarem entrincheiradas, o que impede a entrada de massas de ar frio vindas do norte.

3.6.1. Temperatura

A temperatura nesta região varia entre cerca de 30 graus Celsius no verão e -10 graus Celsius no inverno. A temperatura média anual mais elevada para esta área é de cerca de 15,5 graus Celsius. Os meses mais frios são dezembro e janeiro e os mais quentes julho e agosto. (Ver Apêndice 1, quadro 2: Valores médios mensais e anuais da temperatura).

3.6.2. Precipitação

A precipitação é um indicador importante do clima e é representada de duas formas mensuráveis: como a quantidade de chuva em mm ao longo do ano e como o número de dias de chuva ao longo do ano. Durante as quatro estações do ano, a precipitação é significativa. Os Verões são quentes, com sol, e os Invernos são frios, com neve. No entanto, mesmo os meses mais secos registam precipitação. A temperatura média anual mais elevada registada em Pristina é de 15,5 °C. A precipitação anual é de 597,9 mm. (Serviço Hidrometeorológico da República da Sérvia).

A precipitação máxima é registada durante o mês de novembro e a precipitação mínima durante os meses de verão, julho e agosto. A queda de neve é comum durante o inverno e, na área do município de Gracanica, é normal nos meses entre novembro e março. A cobertura de neve varia entre 75 e 100 dias ao longo do ano. A queda de neve é importante para a produção de reservas de água, entre outras coisas.

Estas caraterísticas climáticas são muito convenientes para as actividades agrícolas no município, e os cidadãos deste município estão principalmente envolvidos em actividades agrícolas para fornecer os alimentos para fins domésticos.

3.7. Rios

Há quatro rios que atravessam a área do município de Gracanica: rio Gracanka, rio Sitnica, rio Pristinka e rio Janjevka

3.7.1. Rio Gracanka

O rio Gracanka atravessa a cidade de Gracanica, as localidades de Laplje Selo, Preoce, Gornje Dobrevo e desagua no rio Sitnica. O rio Gracanka nasce sob a barragem do lago Gracanica e corre sob a bacia de rejeitos da mina de Kisnica. Antes da construção do lago artificial de Gracanica, o rio Gracanka era mais rico em água e era formado pelos caudais dos pequenos rios e nascentes sob as aldeias de Labljane e Mramor. O rio tem 18,5 quilómetros de comprimento.

3.7.2. Rio Sitnica

O rio Sitnica é o maior rio deste município. Nasce na parte sudeste do Kosovo, por baixo da montanha Zegavac, atravessa o centro do Kosovo e desagua no rio Ibar, perto de Mitrovica. A bacia tem 2.861 km2 e estende-se até Kosovo Polje e seus arredores. Na nascente de Sitnica existe uma bifurcação bem conhecida do rio Nerodimka. Na bacia do rio Nerodimka foi construída uma barragem para transferir parte das suas águas para o local denominado Terazije. Nesse local, o rio Nerodimka divide-se em duas partes, uma das quais vai para norte, até Sitnica, e a outra para sul, até Nerodimka. Esta bifurcação artificial é tão antiga que é considerada natural. O comprimento do rio Sitnica é de 90 quilómetros e o seu caudal médio na confluência é de 9,5 metros quadrados por segundo. Na bacia do Sitnica existem dois lagos artificiais: O lago Batlava, influente do Lab, com um volume de 30 milhões de metros cúbicos de água, e o lago Gracanica, no rio Gracanka, com 26 milhões de metros cúbicos de água.

3.7.3. Rio Pristevka

O rio Pristevka era um rio limpo há cerca de 30 anos. Atualmente, na sua extensão total de 15,43 quilómetros, é um coletor de fezes da cidade de Pristina (Plano de Desenvolvimento Municipal). As margens do rio Pristevka não são mantidas e estão cheias de ervas daninhas e arbustos. A bacia hidrográfica está cheia de lama e lodo e de conteúdo fecal dos esgotos. A

3.7.4. Rio Janjevka

O rio Janjevka atravessa a cidade de Gusterica. Este rio seca nos meses de verão e a única altura em que tem água é no inverno.

3.8. Lagos

O município de Gracanica tem um lago criado artificialmente, situado a dois quilómetros da cidade de Gracanica, que é a principal fonte de abastecimento de água potável da região central do Kosovo.

3.8.1. Lago Gracanica

O lago de Gracanica está situado perto da cidade de Gracanica. Este lago é a principal fonte de abastecimento de água a vários locais no território do Kosovo central, incluindo Pristina, Gracanica e outros locais. A barragem do lago foi construída em 1966 e a construção desta barragem provocou a deslocação de toda a aldeia de Novo Selo, que se situava no local onde atualmente se encontra o lago de Gracanica. (Plano de Desenvolvimento Municipal, 2014).

O lago de Gracanica é uma acumulação artificial do rio Gracanica, dois quilómetros acima da cidade de Gracanica, construída para fornecer água a Pristina e a outras povoações da região. A construção do lago Gracanica teve início em 1963 e a água do lago começou a fluir para Pristina em 1966. A barragem tem 52 metros de altura e 246 m de largura. Foi construída no estreito de Badovac, sob a montanha Androvacka, perto da mina de Kisnica. Na sua capacidade máxima, o lago tem 3,5 quilómetros de comprimento e 500 quilómetros de largura. A maior profundidade é de cerca de 30 metros. O volume total do lago é de 26 milhões de metros cúbicos de água. O lago é rico em peixes, principalmente carpas e chub. Para além do abastecimento de água, a água do lago é utilizada para a irrigação de 2260 hectares de terras aráveis nas zonas de Caglavica, Gracanica e Laplje Selo. (Agenda Verde, 2012)

Para além de ser o principal fornecedor de água potável para o Kosovo Central, este lago é também um local turístico e recreativo muito bonito, com um elevado número de visitantes ao longo do ano.

3.9. Águas subterrâneas

As águas subterrâneas são a fonte secundária de água para os cidadãos do município de Gracanica. Como as águas superficiais são reduzidas e as medidas de restrição da água são aplicadas ao longo do ano, as famílias estão a utilizar a água do poço para as suas necessidades pessoais e para a irrigação das suas hortas e jardins de flores. A água do poço não é adequada para fins de consumo, pelo que está a ser utilizada como água de qualidade secundária.

Embora a água de poço seja amplamente utilizada na escassez de água da torneira, é necessário gerir esta fonte de forma sustentável e garantir que esta preciosa fonte não seja poluída ou contaminada. A água retirada do solo deve ser utilizada de forma reactiva e sem explorar demasiado a fonte.

3.10. Análise de um agregado doméstico médio no município de Gracanica

Os habitantes do município de Gracanica praticam a agricultura para fins domésticos. Cada uma das famílias tem uma determinada parcela de cultivo de legumes para uso pessoal. Isto pode ser visto na imagem abaixo, onde todos os campos são coloridos a verde. De acordo com os resultados da investigação quantitativa efectuada no município, um agregado familiar médio neste município utiliza cerca de 15 a 20 metros cúbicos de água por mês. Dito isto, estima-se que um agregado familiar médio utiliza cerca de 47% da água que consome para a rega do jardim.

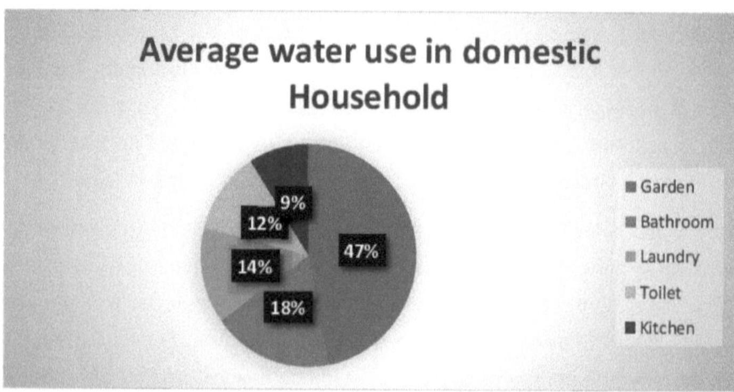

Figura 3 Consumo médio de água no agregado doméstico

Os restantes 53% da utilização doméstica de água estão distribuídos da seguinte forma:

1. 18% tomar banho

2. 12% de lavagem

3. 14% lavandaria

4. 9% cozinha

Ao longo do ano, são frequentes as restrições de água com o objetivo de reduzir a quantidade de água utilizada. Isto é especialmente evidente nos meses de verão, em que a água da cidade está presente das 12 às 20 horas, enquanto que de manhã e durante a noite a água é cortada. A população está a recorrer à utilização de águas subterrâneas provenientes de poços como fonte secundária de abastecimento de água, havendo necessidade de opções adicionais de abastecimento de água nesta área.

Como já foi referido, um agregado familiar está ligado à rede de esgotos ou tem uma fossa séptica para a recolha das águas residuais. As águas residuais terminam na superfície

sem tratamento prévio, causando a poluição contínua das águas na zona.

Figura 4 Áreas de hortas

3.11. Problemas e desafios identificados

Com base nas informações fornecidas acima, o abastecimento de água é um desafio importante para este município e a sua gestão correta pode reduzir a exploração excessiva e a poluição deste recurso precioso. Para ter acesso às possibilidades de poupança e melhoria da água, é importante identificar os problemas relacionados com o estado atual da água. Estes são os seguintes:

1. Baixa qualidade da água. Dado que a água potável não é tratada corretamente e pelas suspeitas de segurança bacteriológica da água.

2. Poluição direta da água. Isto diz respeito, em especial, ao rio Gracanka, que serve de coletor das águas residuais das habitações e dos locais industriais. Para além da poluição do rio devido a operações mineiras irresponsáveis do passado

3. As tendências de redução das águas superficiais nos últimos anos tornaram-se uma séria ameaça à sustentabilidade do abastecimento de água. Estas são o resultado da exploração excessiva dos recursos hídricos pelo homem e das tendências de diminuição da precipitação.

4. A falta de sensibilização das pessoas para o problema da água é outro aspeto muito importante a abordar quando se pensa nas possíveis soluções, porque as pessoas são uma das principais causas da poluição da água nesta zona e devem estar conscientes das consequências das suas acções irresponsáveis para com o ambiente

3.12. Opções de poupança de água

Com base nas informações anteriormente apresentadas e na análise dos antecedentes do município, existem três soluções alternativas diferentes, cuja aplicação permitirá reduzir a sobre-exploração do lago de Gracanica e fornecer água aos cidadãos.

3.12.1. Alternativa 1: Tratamento de água e de águas residuais e utilização de águas residuais

O município de Gracanica não dispõe de estações de tratamento de água e de águas residuais nem de sistemas de reutilização da água como fonte de água de qualidade secundária. A água do município pode ser recolhida para a estação de tratamento de águas residuais onde uma parte da água pode ser tratada e devolvida à fonte de água, e uma certa quantidade de água pode ser trazida de volta para o município e ser utilizada como fonte de água secundária para irrigação das superfícies públicas, tais como parques e relvados nos locais públicos. Este tipo de sistema de reutilização da água reduzirá a captação de água do lago, o que reduziria a utilização de água potável para a rega dos relvados. Além disso, a água tratada seria devolvida ao lago. Mais água disponível reduziria o preço da água ao longo do tempo e permitiria aos consumidores poupar dinheiro.

3.12.1.1. Análise SWOT: Alternativa 1

Pontos fortes:	Pontos fracos:
Benefícios a longo prazo no abastecimento de recursos hídricos	Custo de implementação
Solução para a escassez de água	Reconstrução de toda a infraestrutura
Melhoria de vida	Tempo para a execução do projeto
Amigo do ambiente	Complexo
Resolve muitos outros problemas ecológicos do município	
As lamas como fertilizante	
Desenvolvimento económico	
Oportunidades:	**Ameaças:**
Fundos internacionais	Procedimentos de aprovação
Estado ecológico do município	Preconceitos das pessoas
Acionistas	
Possibilidade de desenvolvimento económico	

3.12.1.1.1. Pontos fortes

O ponto forte mais importante deste sistema é que a instalação da estação de tratamento de águas residuais resolverá muitos dos actuais problemas ecológicos do município e contribuirá para uma melhor gestão dos recursos hídricos a longo prazo.

Este tipo de prática é amigo do ambiente e o tratamento das águas residuais reduzirá a poluição da água do rio, que atualmente está a ser contaminada por poluidores individuais que descarregam diretamente as suas águas residuais no rio sem tratamento prévio

O rio mais limpo terá um efeito positivo no estilo de vida geral dos habitantes, ao contrário da situação atual, em que representa uma séria ameaça e uma futura fonte de riscos para a saúde e para o bem-estar das pessoas desta zona.

A utilização de água de efluentes proporcionará um abastecimento adicional de água para irrigação de áreas públicas e uso não potável para os cidadãos.

Por último, a criação de uma estação de tratamento de águas residuais trará novos postos de trabalho para o município, trabalhadores, operadores de instalações, supervisores e diretor de instalações. Sendo uma forma de empresa que continuará a funcionar de forma autónoma, esta solução permitirá resolver a longo prazo o problema do desemprego de cerca de 50 pessoas

3.12.1.1.2. Pontos fracos

A desvantagem desta atividade é que a instalação e a construção de todo o sistema exigirão investimentos muito elevados.

Uma vez que todo o sistema precisa de ser reconstruído e que há muitas pessoas que não estão ligadas à rede pública de esgotos mas que utilizam as fossas sépticas por conta própria, este sistema terá de ser feito de raiz.

Este tipo de projeto requer muito tempo para o planeamento, preparação, execução e manutenção do sistema, e muita investigação, estudo de viabilidade, envolvimento de diferentes empresas de construção e engenharia e a própria complexidade do projeto torna-o menos viável

3.12.1.1.3. Oportunidades

Nos últimos anos, o Kosovo tem recebido muitos fundos para o desenvolvimento em vários sectores. Existem fundos para o ambiente e o ordenamento do território que podem ser concedidos pelas organizações internacionais e que podem ajudar a resolver o problema financeiro da execução dos projectos

O estado ecológico do ambiente neste município encontra-se num nível muito baixo e requer uma ação imediata. Este tipo de projeto será perfeito para resolver muitos dos problemas ecológicos e proporcionar sustentabilidade à vida neste município.

Além disso, desde que a estação de tratamento de águas residuais seja uma instituição rentável e um fator muito importante no futuro, constitui uma boa fonte de investimento para muitos acionistas.

E, em relação a este facto, haverá uma possibilidade de desenvolvimento económico da região e de oferta de novos postos de trabalho para as pessoas desempregadas neste município.

3.12.1.1.4. Ameaças

As ameaças representam os procedimentos de aprovação e os processos legislativos na realização deste tipo de projeto nesta área. Terá de cumprir numerosos requisitos legislativos e adquirir as autorizações de funcionamento

As pessoas também não têm formação neste domínio e podem opor-se à criação dessa unidade, sendo ainda menos provável que aceitem o facto de os seus campos e áreas públicas poderem ser irrigados com as águas residuais tratadas, uma vez que consideram que isso representará um grande risco para a saúde. Neste caso, é necessário educar as pessoas sobre os benefícios e a necessidade do tratamento das águas residuais e sobre a segurança das águas residuais tratadas.

3.12.2. Alternativa 2: Utilização de águas cinzentas para fins domésticos

A implementação do sistema de águas cinzentas para uso doméstico e público pode melhorar a eficiência da utilização da água e ser uma das formas de lidar com o problema da escassez de água. A importância da implementação do sistema de águas cinzentas no município de Gracanica é identificada por duas razões: melhorará a eficiência da utilização da água e, dessa forma, reduzirá o consumo de água, e beneficiará a melhoria de vida dos cidadãos do município de Gracanica.

3.12.2.1. Análise SWOT: Alternativa 2

Pontos fortes:	Pontos fracos:
Solução para a escassez de água reutilização Amigo do ambiente Nutrientes saudáveis para as plantas Pode ser utilizado em todas as estações Limpeza do sistema de esgotos	Sem possibilidade de armazenamento a longo prazo Risco elevado de doenças O teor de água não é o mesmo em função das actividades da casa Requer muita cautela
Oportunidades:	**Ameaças:**
Custos de jardinagem e irrigação minimizados ou reduzidos a nada Baixo custo de instalação	Preconceitos das pessoas sobre a qualidade da água Inovação nesta zona - as pessoas não estão dispostas a recorrer a esta solução A possibilidade de uma reação negativa em cadeia dos utilizadores em caso de perigo

3.12.2.1.1. Pontos fortes

A água cinzenta é uma excelente opção de reutilização da água que é especialmente útil no período de escassez de água durante os meses de verão. A água é utilizada em todo o seu potencial e quase 50% da água utilizada no agregado familiar estará disponível para utilização secundária como opção de irrigação para culturas, relvados e jardins nos agregados familiares.

A água cinzenta também contribui para a melhoria da vida neste município, uma vez que a fonte de irrigação diminuirá significativamente a captação de água do lago. Esta forma de abastecimento de água amiga do ambiente contribuirá para poupar os recursos hídricos e prolongar o ciclo de vida e a eficiência da água.

Para além de ser uma fonte de irrigação, a água cinzenta é uma fonte de nutrientes saudáveis para as plantas. A composição das águas cinzentas é constituída por P=50%, N = 10% e CQO= 40%. Com o tratamento correto, pode servir como um excelente fertilizante para as plantas.

Outro aspeto positivo da água cinzenta é o facto de poder ser utilizada durante todo o ano, independentemente das estações. No inverno, a utilização da água é menor porque há menos necessidade de tomar banho e de lavar a roupa, no entanto, há menos necessidade de irrigação porque as quantidades de precipitação aumentam e há uma quantidade relativamente baixa de plantas de inverno. No entanto, a irrigação das estufas pode revelar-se muito útil nos meses de primavera, outono e inverno. No verão, a necessidade de irrigação é maior, mas a utilização da água também é maior, uma vez que no verão as pessoas tendem a tomar banho com mais frequência e a lavar a roupa com mais frequência. Isto torna a utilização de águas cinzentas muito conveniente para as famílias.

Uma vez que mais de 50% da água é utilizada para irrigação, o sistema de esgotos é desobstruído e há menos águas residuais a poluir as águas superficiais.

3.12.2.1.2. Pontos fracos

A desvantagem deste tipo de sistema de água é que não há possibilidade de armazenar a água a longo prazo. A água pode ser armazenada durante cerca de 24 horas e quanto mais tempo permanecer, maiores são os riscos de desenvolvimento de substâncias nocivas que irão alterar a qualidade da água.

Os riscos de doenças são elevados e a probabilidade de a água desenvolver substâncias tóxicas, nocivas ou patogénicas é grande. Além disso, houve casos em que as pessoas tiveram intoxicações alimentares ao utilizarem legumes não lavados da horta irrigados com água cinzenta. (ask.metafilter.com)

As actividades da casa determinam a qualidade da água cinzenta. É por isso que a qualidade e a segurança da água variam de dia para dia e nunca se pode ter a certeza sobre o conteúdo da água na sua casa.

As restrições no armazenamento de água e os elevados riscos de propagação de doenças requerem grande cautela por parte das pessoas que a utilizam. Sabendo que a qualidade e o conteúdo da água estão diretamente relacionados com a prudência como fator principal na gestão das águas cinzentas. As pessoas do agregado familiar devem certificar-se de que não descarregam produtos químicos e materiais nocivos nos esgotos de águas cinzentas.

3.12.2.1.3. Oportunidades

A oportunidade de reduzir a zero os custos de jardinagem e de irrigação, bem como as facturas mais baratas do abastecimento de água, são uma possível razão pela qual as pessoas optariam por utilizar este tipo de sistema de água.

O lado positivo deste sistema é que ele trará muitos investidores e fornecedores para este tipo de sistema, o que significa que os materiais serão acessíveis e a baixo custo.

3.12.2.1.4. Ameaças

As pessoas desconfiam da utilização deste tipo de água nas suas culturas e existem muitos preconceitos baseados no seu estilo de vida e hábitos actuais, uma vez que consideram as águas residuais como algo que deve ser descarregado e eliminado, em vez de um possível recurso a ser reutilizado. Este facto é também muito evidente nas suas atitudes em relação à utilização de águas residuais nas suas culturas, uma vez que se preocupam com a segurança do seu consumo posterior.

A utilização de águas cinzentas é uma abordagem inovadora nesta área e as pessoas desconfiam normalmente da introdução de tudo o que é novo. Há poucas hipóteses de as pessoas estarem dispostas a investir num sistema deste tipo, a não ser que seja totalmente necessário ou que se prove ser completamente seguro.

Outra ameaça é a possibilidade de uma reação negativa em cadeia no caso de acontecer algo relacionado com as águas cinzentas. Pode ocorrer um incidente que faça com que todas as pessoas ligadas a este tipo de utilização de água deixem de utilizar água cinzenta. Quando a segurança da água cinzenta for posta em causa, as pessoas recusarão qualquer tipo de cooperação futura e todo o projeto estará condenado ao fracasso.

As águas cinzentas serão utilizadas para a descarga das sanitas, a irrigação dos relvados domésticos, a lavagem de automóveis, etc., e serão diretamente instaladas em habitações separadas.

3.12.3. Alternativa 3: Recolha de águas pluviais

A água da chuva representa a fonte de água que não tem sido utilizada em todo o seu potencial. Consiste em sistemas de recolha no telhado que poderiam ser instalados em cada casa e utilizados como fonte adicional de água não potável, com a sua utilização na irrigação de relvados e plantas, lavagem de carros, descarga de sanitas, etc. Para além disso, o investimento em sistemas de filtragem pode aumentar a utilização da água da chuva como fonte de água potável.

Esta fonte secundária de água é conveniente, uma vez que pode reduzir a necessidade de consumo de água municipal e possivelmente fazer com que os consumidores poupem dinheiro nas facturas de serviços públicos. Para além disso, esta utilização eficiente da água tem um grande número de benefícios ambientais. Por exemplo, a sua utilização para irrigação é benéfica para as plantas, uma vez que não contém poluentes humanos.

3.12.3.1. Análise SWOT: Alternativa 3

Pontos fortes:	Pontos fracos:
Fonte de água adicional para os agregados familiares Solução para a escassez de água Contas de água mais baixas Fácil de manter Água gratuita	Não pode ser a única fonte de água (depende da precipitação) O nível da água varia nas diferentes estações do ano
Oportunidades:	**Ameaças:**
Fontes de água adicionais Tendências para o aumento do preço da água	Alterações climáticas/aquecimento global Situação financeira da população

3.12.3.1.1. Pontos fortes:

A recolha de águas pluviais é uma grande fonte adicional para as famílias, de acordo com a nossa estimativa, pode fornecer até 70% da fonte de água adicional para as famílias no período de um ano.

A água da chuva pode ser uma solução para a escassez de água, uma vez que não haverá necessidade adicional de captar água do lago de Gracanica. Isto reduzirá a sobre-exploração do lago e evitará a sua secagem.

Como a principal fonte de despesa de água vai para a irrigação do jardim e dos relvados, a água da chuva não filtrada será um substituto perfeito para a água da torneira nesses casos, e o seu principal objetivo será fixado na sua utilização potável em casas domésticas. Menos utilização de água na cidade significa menos contas de água, e se o preço da água subir devido à escassez de água, esta será a solução mais favorável para poupar dinheiro.

O sistema de recolha de águas pluviais é fácil de manter e não requer custos de manutenção elevados. Apenas requer uma mudança ocasional dos filtros como custo adicional ao investimento inicial.

E, finalmente, a água da chuva é gratuita e não há qualquer taxa para recolher a água dos telhados e utilizá-la para os seus próprios fins.

3.12.3.1.2. Pontos fracos

A desvantagem da opção de recolha de águas pluviais é o facto de não poder representar a única fonte de água. Embora a precipitação média anual seja suficiente para cobrir a maior parte das necessidades das famílias, a precipitação não é distribuída uniformemente ao longo do ano, podendo haver mais precipitação na primavera e no outono e menos no verão.

3.12.3.1.3. Oportunidades

Uma vez que o nível de água no lago de Gracanica está a diminuir e as restrições de água são impostas, obrigando as pessoas a recorrer a fontes de água adicionais, esta é uma solução potencial a que podem recorrer.

Outro fator é de natureza financeira. Como o nível da água diminui e a quantidade de água disponível está a baixar, na lei da oferta e da procura, o preço da água irá potencialmente aumentar ao longo do tempo. As pessoas que recorrem a esta fonte de água como fonte alternativa terão um investimento inicial na construção do sistema de recolha de águas pluviais, mas este investimento será compensado no futuro com facturas de água mais baixas na cidade. Quanto mais elevado for o preço da água no futuro, mais funcional será este sistema.

3.12.3.1.4. Ameaças

A possível ameaça é a diminuição da precipitação devido ao aquecimento global.

Outra possível ameaça é o facto de o investimento inicial ser demasiado dispendioso para as pessoas que possuem os seus lares neste município, mas com a ajuda financeira do governo ou de organizações internacionais no Kosovo, será mais fácil para as pessoas adoptarem este tipo de prática.

3.13 Análise PEST

3.13.1 Factores políticos:

Limites de consumo de água, requisitos de qualidade da água, requisitos de descarga e eliminação de poluentes

3.13.1.1 Limites de consumo de água

Os limites de consumo de água derivam do facto de haver uma escassez de recursos hídricos disponíveis. Todas estas três fontes alternativas de água têm como objetivo aumentar a disponibilidade dos recursos hídricos e, por conseguinte, aumentar o consumo de água. Neste caso, a reutilização da água dos efluentes adicionará mais água ao rio de Gracanica, enquanto as águas cinzentas e os sistemas de recolha de águas pluviais fornecerão mais água aos agregados familiares individuais. A reutilização das

3.13.1.2 Requisitos de qualidade da água

Considera-se que os requisitos de qualidade da água não acompanham as necessidades de água potável para cumprir as normas legislativas. Sem o sistema de tratamento de águas residuais, o problema já existente continuará a acumular-se ao longo dos anos, uma vez que os poluidores individuais não cumprem as normas de descarga de água estabelecidas pela legislação do Kosovo na Lei das Águas do Kosovo. Por conseguinte, a primeira alternativa não só melhorará o estado da qualidade da água, como também contribuirá para a aplicação da legislação no Kosovo. Além disso, resolverá um dos principais problemas do município e melhorará as condições para o desenvolvimento sustentável desta zona. A estação de tratamento de águas residuais necessitará de licenças legislativas para a sua construção e funcionamento, e as águas residuais tratadas terão de cumprir os requisitos de remoção de poluentes, como metais pesados e produtos químicos, para poderem funcionar corretamente.

A recolha de águas pluviais e a utilização de águas cinzentas não estão diretamente relacionadas com a legislação relativa à água e às águas residuais e, por isso, são viáveis de sustentar numa base individual. No entanto, a qualidade da água pode ser melhorada utilizando diferentes tipos de filtros e métodos de purificação da água, dependendo do objetivo da utilização da água da chuva ou da água cinzenta.

3.13.1.3   Requisitos de descarga

O lago Gracanacko é uma criação artificial do rio Gracanka, construído em 1968 para criar um enorme reservatório de água. Esta construção afectou enormemente o nível da água do rio e, por conseguinte, o leito do rio Gracanka diminuiu enormemente. Existe uma regra segundo a qual as águas residuais descarregadas no rio devem ter uma proporção de 80-20 para não afetar a qualidade do fluxo de água. Esta proporção é muito negligenciada no município de Gracanica, onde o rio Gracanka é uma extensão das águas residuais das habitações. Este facto não está em conformidade com as normas legislativas do Kosovo e da Europa e, como tal, é necessário resolver esta questão. A primeira alternativa lida com este tipo de problema e fornece uma solução sustentável para o mesmo.

As alternativas da água da chuva e das águas cinzentas criam uma utilização mais sustentável da água através da eficiência na utilização/reutilização da água. No entanto, as duas últimas alternativas não tratam do problema da descarga de água.

3.13.1.4   Eliminação de poluentes

Como já foi referido, a eliminação de poluentes em conformidade com as normas do Kosovo ou europeias não tem sido praticada neste município, e a primeira alternativa será a mais eficaz, pois oferece uma solução direta para o problema da descarga gratuita de água não tratada nas águas de superfície. As outras duas alternativas contribuirão para a redução das águas residuais através da reutilização da água como fonte secundária, mas não resolverão os problemas de descarga.

3.13.2   Factores ambientais:

Utilização dos recursos, solução para a escassez de água

3.13.2.1 Utilização dos recursos

As práticas do passado têm negligenciado o aspeto ambiental. A utilização industrial da mina de carvão em Kisnica poluiu o leito do rio e continua a poluí-lo por não ter resolvido a questão dos resíduos da mina. As condutas antigas e sem manutenção, com várias fugas não reparadas, estão a desperdiçar uma enorme quantidade de água e não estão a oferecer todo o seu potencial aos clientes. Além disso, a falta de uma gestão adequada da água e das águas residuais contribuiu para a poluição a longo prazo das águas superficiais e, se não for resolvido, este problema pode trazer muitos mais problemas de natureza existencial a este município. As três soluções alternativas propostas para este município têm como objetivo evitar a sobre-exploração dos recursos hídricos e proporcionar uma utilização mais eficiente da água.

3.13.2.2. Solução para a escassez de água

As estações de tratamento de águas residuais e a alternativa de utilização de águas de efluentes levam cerca de 30% das águas residuais tratadas para reciclagem. Esta água não pode ser utilizada como água potável. No entanto, a utilização de água de efluentes pode reduzir o consumo de água doce do lago Gracanica e, assim, reduzir a secagem do nível de água no lago.

A água cinzenta, como uma utilização eficiente da água, utilizará a mesma quantidade de água fornecida pelo lago e reutilizá-la-á para outros fins nos agregados familiares. Desta forma, aproveita-se ao máximo o potencial de utilização da água.

A água da chuva está a utilizar uma fonte de água completamente nova que não pertence às águas superficiais ou subterrâneas, fornecendo assim água adicional à água da cidade. Isto significa menos água consumida do lago para fins domésticos.

3.13.3. Factores sociais:

Educação, estilo de vida, preocupações com a segurança da água.

3.13.3.1 Educação

A consciencialização das pessoas em relação ao problema da água é muito baixa neste município. As pessoas consideram a água como uma fonte infinita e, para além das frequentes restrições impostas pelos fornecedores de água, não consideram a possibilidade de reduzir a utilização de água para poupar o consumo nas horas de disponibilidade de água. Esta falta de sensibilização e educação das pessoas é um fator muito importante do qual depende o sucesso da implementação de qualquer uma das três alternativas.

3.13.3.2 Estilo de vida

Relativamente à educação, o estilo de vida das pessoas nesta área tem sido praticado há anos, e ter de mudar os seus hábitos diários levará à oposição às práticas recentemente estabelecidas de implementação da poupança de água. As pessoas serão sucumbidas a mudanças cruciais nos seus estilos de vida e, assim, rejeitarão as novas práticas.

3.13.3.3 Preocupações com a segurança da água

O facto de as águas residuais tratadas serem utilizadas para outros fins que não a descarga no rio, no caso da primeira alternativa, trará muitas preocupações de segurança e a rejeição da população deste município. As pessoas terão dificuldade em aceitar as águas residuais noutro uso, como uma forma possível de utilização prática da água. Mesmo com o tratamento mais limpo e pormenorizado da água, as pessoas ficarão cépticas quanto à segurança da água e opor-se-ão à utilização hídrica dessa água nas suas imediações.

No caso das águas cinzentas, depende do agregado familiar individual se pretende utilizar a água como água secundária para o seu agregado familiar.

A recolha de águas pluviais parece ser a solução mais aceitável no que diz respeito às preocupações das pessoas com a segurança da água, e mais suscetível de ser introduzida entre os cidadãos do município de Gracanica.

3.13.4 Factores tecnológicos:

As actividades de construção e exploração de estações de tratamento de águas residuais requerem as mais recentes caraterísticas tecnológicas para poderem funcionar com êxito. O bom facto é que este tipo de prática para o tratamento de águas residuais tem sido implementado em muitos países europeus e noutros países do mundo, e nos últimos anos este tipo de fábricas para o tratamento de água tem sido implementado em várias cidades da Sérvia e tem mostrado bons resultados. A inovação nesta região, no entanto, seria a utilização de águas residuais. A importância da tecnologia é mais do que evidente no processo de tratamento da água através da utilização de reacções químicas e processos de tratamento biológico. Também o laboratório modernamente equipado para medições da qualidade da água.

A utilização de águas cinzentas é também uma prática relativamente recente e requer tanques de armazenamento de água, dispositivos de purificação e bombagem de água.

A tecnologia de recolha de água da chuva é fácil de instalar, fácil de encontrar e facilmente acessível. A recolha de água da chuva tem uma tradição de mais de 4000 anos de utilização em muitos países e é considerada uma fonte valiosa.

3.13.5 Factores económicos:

Disponibilidade para pagar, acionistas.

3.13.5.1 Disponibilidade para pagar

Em relação ao fator social do estilo de vida das pessoas, é importante considerar a sua situação económica na região. Embora a escassez de água seja um problema importante a considerar no município, as pessoas do município de Gracanica não estão dispostas a fazer um investimento, a menos que seja altamente necessário. A disponibilidade para financiar a modernização dos sistemas de água, nos quais não se obterão resultados tangíveis imediatos, é muito baixa. Isto diz respeito especialmente à instalação de sistemas individuais de recolha de águas cinzentas e de águas pluviais.

3.13.5.2. Acionistas

A construção da estação de tratamento de águas residuais atrairá os acionistas dispostos a investir neste sector, tendo em conta as actuais tendências em matéria de água. No entanto, as decisões dos acionistas dependerão do risco do abastecimento de água.

A procura da gestão do sistema de recolha de águas pluviais pode também levar à criação de novas empresas que prestem serviços de instalação e fabrico de filtros e condutas para sistemas de águas pluviais e cinzentas, contribuindo assim para o crescimento das condições económicas no município e para a abertura de novos postos de trabalho para os residentes deste município.

A decisão final é tomada pelos utilizadores e pela sua vontade de utilizar este tipo de água: famílias, agricultores, utilizadores industriais, empresários, bem como os serviços públicos. Além disso, o governo e as leis sobre o abastecimento e a qualidade da água que impõem têm uma grande influência, se não mesmo uma influência crucial, no resultado final deste projeto.

Capítulo 4. Discussão

Esta secção apresenta as três soluções alternativas para a poupança de água no município de Gracanica. A fim de dar uma explicação mais completa que conduza a uma conclusão, esta parte do relatório centra-se nos processos, na instalação e na manutenção dos sistemas e nas suas vantagens e desvantagens. O aspeto importante é também o seu potencial de poupança de água.

Mais adiante, a discussão dos pontos fortes, dos pontos fracos, das oportunidades e das ameaças de cada alternativa facilitará a sua comparação e avaliação, e cada uma das alternativas será examinada em termos do potencial político, ecológico, económico e tecnológico, com base no qual serão extraídas as recomendações.

4.1. Tratamento de águas residuais e utilização de águas residuais:

Considerando que não existem dados actuais sobre a descarga de águas residuais, nem medições para fornecer sobre a quantidade de potencial de poupança de água, gostaria de referir um município da cidade de Las Vegas, Novo México, que implementou com sucesso o sistema de utilização de águas residuais e utiliza cerca de 40% das águas residuais para irrigação de áreas públicas e parques. Assim, o município de Gracanica poderia potencialmente utilizar cerca de 40% das águas residuais tratadas como fonte do sistema de águas residuais para a irrigação de parques e áreas públicas da cidade, como o Parque da Cidade em Laplje Selo, o Parque Memorial e o parque infantil em Livadje, o Parque Memorial em Gracanica ou a lavagem das ruas da cidade. O abastecimento de água potável e a utilização da água podem ser mais eficientes se a água utilizada dos tanques de efluentes for devolvida diretamente ao lago de Gracanica, em vez de ser utilizada como água não potável de qualidade inferior. Desta forma, a quantidade de água disponível será aumentada em 40% e a captação do lago poderá ser reduzida. Esta alternativa poderá resultar em benefícios a longo prazo para o abastecimento de recursos hídricos, uma vez que representará uma utilização e reutilização mais eficientes do recurso e possivelmente reduzirá o preço da água, permitindo aos consumidores finais poupar dinheiro.

4.1.1. Razões para o tratamento de águas residuais e a utilização de águas residuais

As razões para tratar as águas residuais são numerosas. A remoção dos poluentes das águas residuais permitirá a reciclagem da água de duas formas: a água efluente regressará ao sistema e será reutilizada para outros fins e a água reciclada será devolvida aos recursos hídricos. Os riscos para a saúde e as preocupações que surgiram ao longo dos anos com a poluição do rio serão reduzidos e a higiene pública será melhorada.

Além disso, as plantas e os peixes do rio serão protegidos contra o envenenamento por resíduos e o seu habitat será restaurado. Dito isto, a qualidade de vida neste município será melhorada e o município pode crescer através da promoção de actividades recreativas junto ao leito do rio.

A estação de tratamento de águas residuais neste município é inevitável, a fim de reduzir a poluição direta do rio que, atualmente, serve como o principal local para a eliminação de águas residuais dos agregados familiares do município. Por conseguinte, o tratamento das águas residuais não servirá apenas para fornecer uma fonte adicional de água secundária, mas será uma componente essencial no ciclo de gestão da água nesta área.

A construção da estação de tratamento de águas residuais e do sistema de águas residuais resolveria muitos problemas ecológicos e económicos do município. Globalmente, proporcionará uma solução sustentável para a gestão da água e contribuirá para o bem-estar dos cidadãos do município de Gracanica.

Além disso, contribuirá para a redução da exploração dos recursos hídricos. A água dos efluentes será reutilizada e, por conseguinte, haverá menos necessidade de captação de água doce do lago de Gracanica. Isto contribuirá para uma utilização mais eficiente deste valioso recurso e proporcionará à população do município de Gracanica uma fonte de água adicional que pode satisfazer as suas necessidades de irrigação, especialmente nos períodos de seca nos meses de verão.

A existência de uma estação de tratamento de águas residuais no município é uma condição essencial para a vida sustentável e o bem-estar da população desta zona. As condições actuais não satisfazem os pré-requisitos essenciais para uma utilização da água aceitável do ponto de vista ambiental, uma vez que as águas residuais são descarregadas diretamente no rio sem tratamento prévio, o que pode conduzir a graves riscos para a saúde no futuro, e ser uma fonte séria de infeção ou de surto de doenças que podem ameaçar a saúde das pessoas. Para além disso, este tipo de descarga não cumpre as regras básicas de proporção de águas residuais descarregadas nos pontos de descarga (ver a literatura). E, por último, a quantidade de águas residuais que está a ser descarregada no rio não está a ser medida e controlada. A criação de uma estação de tratamento de águas residuais resolverá todas estas questões relacionadas com a poluição do rio.

Por último, a construção da estação de tratamento de águas residuais com tanques de água efluente irá recrutar os cidadãos locais e proporcionar novos postos de trabalho, reduzindo assim o desemprego no município e contribuindo para o desenvolvimento económico global da região.

4.1.2. Instalação e manutenção

Para construir a rede de tratamento de águas residuais, é necessário recriar toda a rede de água e de águas residuais da zona. Isto significa que todo o sistema de condutas para as águas residuais terá de ser construído, bem como a instalação de tratamento de águas residuais. Para além disso, o problema do antigo sistema de condutas com uma série de pontos de fuga será resolvido através da reconstrução do sistema de condutas utilizando novas tecnologias e materiais.

4.1.3. Descrição técnica

A prática do tratamento das águas residuais e dos efluentes exigiria três actividades distintas: a recolha e o transporte das águas residuais, o processo de tratamento e a fase de armazenamento e transporte dos efluentes.

4.1.3.1. Recolha e transporte de águas residuais

O transporte das águas residuais das casas individuais para os tanques de recolha e depois para a estação de tratamento de águas residuais é feito através da conduta de esgotos para um local centralizado de descarga de águas residuais. O maior desafio é criar um sistema público centralizado para a descarga das águas residuais e ligar os cidadãos ao sistema de esgotos. Nas aldeias onde as pessoas têm fossas sépticas individuais, deve haver um serviço de limpeza das fossas sépticas e de transporte para os colectores de águas residuais mais próximos.

4.1.3.2. Tratamento de águas residuais

Após as actividades de recolha, que envolvem actividades como a manutenção (exame e atualização da tubagem) do sistema de esgotos que leva a água à estação, e a garantia de que o sistema de esgotos está limpo e a funcionar corretamente, a instalação de tratamento de águas residuais será dividida em três áreas de atividade (water.worldbank.org):

a. Tratamento primário: trabalhos de entrada que incluem a remoção de sedimentos pesados e a remoção de gorduras e detritos

b. Métodos de tratamento secundário que envolvem o arejamento da água e o tratamento biológico, métodos de decantação

c. E tratamento terciário, incluindo desinfeção química da água

Figura 5 Estrutura da estação de tratamento de águas residuais (Fonte: utiliteskingston.com)

As águas residuais trazidas para a estação após as actividades de recolha, passarão pela remoção de sedimentos pesados, gorduras e detritos. Este processo é também designado por tratamento primário. Os objectos de grandes dimensões e a areia serão levados para um aterro sanitário para eliminação final. A sedimentação, ou remoção de sedimentos, utiliza o poder da gravidade para assentar as substâncias mais pesadas nas águas residuais.

Figura 6 Tanque de sedimentação (Fonte: commons.wikimedia.org)

O tratamento secundário utiliza a reação biológica para o processo em que os microrganismos trabalham para criar os sólidos das águas que podem assentar e ser removidos. O sistema de lamas activadas é composto por duas partes: o tanque de arejamento e o tanque de decantação. O tanque de arejamento utiliza oxigénio para aumentar o trabalho das bactérias e dos microrganismos para criar o material de sedimentação para eliminação da matéria orgânica.

Figura 7 Bacia de arejamento (Fonte: mccrone-inc.com)

O tratamento terciário serve para a desinfeção da água, ou seja, para a destruição dos germes causadores de doenças. O método mais frequente de desinfeção é a cloração. Existem também métodos de tratamento com ozono, luz ultravioleta e peróxido de hidrogénio.

Figura 8 Instalação de tratamento terciário (Fonte: sites.google.com)

As lamas que sobram do tratamento da água estão também a ser novamente tratadas e levadas para eliminação final.

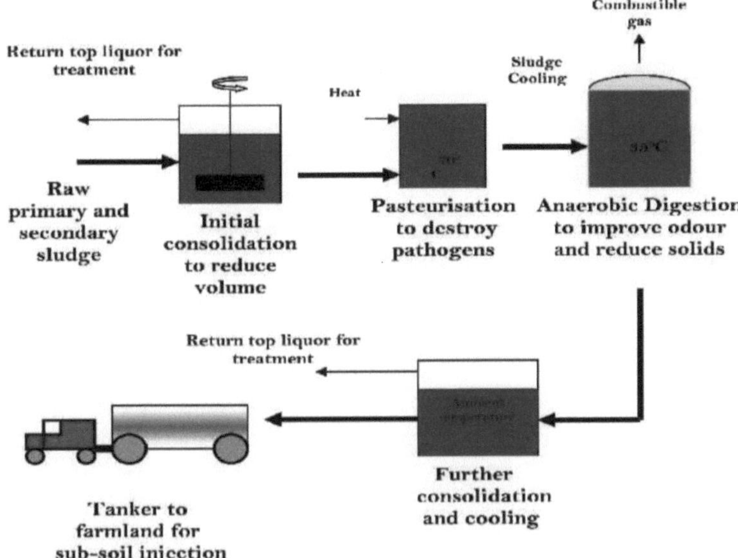

Figura 9 Processo de tratamento das lamas (Fonte: www.euwfd.com)

4.1.3.3. O tratamento de águas residuais

As unidades de tratamento de águas efluentes utilizarão bacias de arejamento e métodos de filtragem de água que utilizarão cerca de 40% da água tratada no sistema de águas efluentes. A água será armazenada num tanque de água de efluentes separado, e será utilizada uma conduta separada para os parques da cidade e áreas públicas em Gracanica e outras áreas ligadas aos sistemas de aspersão para regar a relva nos parques.

4.1.3.4. Laboratório

A estação de tratamento de águas residuais terá de ter um laboratório que possa testar a qualidade da água e, assim, controlar a qualidade da água descarregada após o tratamento.

4.1.3.5. Tratamento e utilização de lamas

As principais razões para a continuação do tratamento das lamas são a redução do forte odor das lamas, a remoção do excesso de água das lamas de modo a reduzir o seu volume e, finalmente, a decomposição da matéria orgânica que permaneceu nas lamas. Quando não são tratadas, as lamas são constituídas por cerca de 97% de água. O método de decantação pode remover 92% a 95% da água. (www.unep.or.jp)

Existem três métodos diferentes de tratamento das lamas: aeróbio, anaeróbio e compostagem. O método aeróbio inclui reação bacteriana e oxigénio. Remove a matéria orgânica e converte o oxigénio em CO2. O tratamento anaeróbico utiliza bactérias sem oxigénio e é utilizado para a criação de biogás, que pode ser posteriormente utilizado para a produção de eletricidade. A compostagem é um processo aeróbico que requer uma mistura correta de carbono, azoto, oxigénio e água com lamas que geram muito calor.

Como resultado final, as lamas do tratamento de águas residuais podem ser compostadas e utilizadas nas práticas agrícolas como fertilizante rico em azoto, ou incineradas para combustível.

4.1.4. Potencial de tratamento de águas residuais

Atualmente, não existem dados precisos sobre a quantidade total de águas residuais geradas no município de Gracanica. Por conseguinte, é muito difícil identificar os poluidores individuais e controlar a quantidade de água que está a ser descarregada nas águas superficiais do rio Gracanka. Partindo do princípio de que cerca de 40% da água pode ser reutilizada diariamente, poupar-se-á uma quantidade significativa de água. No entanto, a quantidade de água reutilizada em termos económicos não se aproxima dos custos de instalação da conduta e da construção da estação de tratamento de águas residuais com a tecnologia para o tratamento da água. As tabelas que representam as caraterísticas da qualidade da água doméstica e as variáveis para o seu tratamento podem ser encontradas no Anexo 1, Tabelas 3 e 4: caraterísticas da qualidade da água das águas residuais domésticas (tabela 3), e Tratamento para as variáveis da qualidade da água (tabela 4) (aces.nmsu.edu), (Ver Anexo 1, Tabelas 3 e 4: Caraterísticas da qualidade da água das águas residuais domésticas

O lado positivo desta prática é que resolverá muitos dos actuais problemas ambientais do município e evitará os riscos futuros de más práticas de gestão da água. No entanto, os custos da criação deste tipo de sistema são enormes, tendo em conta que seria um trabalho de raiz, incluindo a construção de todo o sistema de condutas na zona, a construção da estação de tratamento de águas residuais, bem como a educação e a persuasão das pessoas para a utilidade e a importância deste tipo de prática. Para além disso, existe uma falta de confiança e de conhecimento das pessoas em relação ao tratamento das águas residuais como não sendo seguro reutilizá-las para outros fins.

Para efeitos de demonstração, alguns dos custos deste projeto incluiriam a instalação de condutas, com a remodelação completa do antigo sistema de condutas com amianto, a construção da central eléctrica, o equipamento para o tratamento primário, secundário e terciário da água, a construção de condutas de água para efluentes, a instalação de tanques de água para efluentes, a mão de obra, a manutenção, etc. Este tipo de projeto complexo levará muitos anos a ser desenvolvido e exigirá enormes quantias de dinheiro para ser concluído.

4.2. Utilização de águas cinzentas para fins domésticos

As águas cinzentas representam a reutilização da água que foi utilizada no duche ou na lavagem da loiça como água de qualidade secundária para a descarga da sanita, a rega do relvado, a lavagem do carro, a irrigação, etc.

Este tipo de utilização da água pode ajudar a reduzir o consumo adicional de água potável fresca para as coisas que não precisam dela e, em vez de eliminar toda a água como um resíduo, esta pode ser reutilizada de forma mais eficiente e com todo o seu potencial.

4.2.1. Sistema de águas cinzentas em Gracanica

Apesar de ser rica em muitas águas subterrâneas, um lago e rios neste município, Gracanica não está a salvo da secagem dos seus recursos. Por conseguinte, é necessário identificar certas medidas para preservar os recursos. Uma das medidas eficazes seria a reutilização de águas cinzentas. Esta água é, com o processamento obrigatório, muito segura e recomendável para utilização na agricultura, nos lares e nos edifícios públicos.

Todas as famílias do município de Gracanica terão uma grande utilização de águas cinzentas durante as épocas agrícolas, quando o nível de água doce no lago de Gracanica é muito baixo e os rios estão quase secos. A reutilização desta água permitiria aos agricultores irrigar as suas hortas que se encontram no jardim da casa nesta área. O plano padrão de uma casa no município de Gracanica é mostrado na figura abaixo.

Como se pode ver na imagem acima, um jardim muito próximo pode ser parcialmente irrigado com estes sistemas, para além da utilização desta água dos electrodomésticos para as descargas das sanitas, em que a quantidade de água cinzenta produzida pelos electrodomésticos é suficiente para a irrigação dos pequenos jardins ou relvados, para além das culturas alimentares e da reutilização das descargas das sanitas.

Apesar de o sistema de esgotos ter sido instalado em 2009, uma em cada três casas ainda possui uma fossa séptica para uso pessoal na agricultura, e há muitas fossas sépticas que ficaram vazias após a instalação do sistema de esgotos.

O sistema de águas cinzentas pode ser manual ou automático. O sistema manual com baldes e mangueira pode ser utilizado para jardins ou relvados, onde os tanques de armazenamento não se encontram perto do edifício. Este sistema inclui a operação manual por parte de um utilizador e não é estético, uma vez que são os baldes que estão ao lado das casas que vão sendo enchidos. Além disso, se não for utilizada atempadamente, esta água liberta um certo odor, pelo que se recomenda que seja utilizada no prazo de 24 horas após o seu armazenamento.

4.2.2. Descrição técnica

A água das máquinas de lavar roupa, dos chuveiros, dos lavatórios, das banheiras, entre outros, pode ser reutilizada para descargas de autoclismos ou para rega de espaços verdes e jardins. É por isso que esta água deve ser separada dos sistemas de esgotos e começar a ser reutilizada em edifícios e casas.

A descarga da sanita representa 50% da utilização de água doce em espaços interiores. (aces.nmsu.edu) É por esta razão que as águas cinzentas devem ser utilizadas para este fim nos agregados familiares que não dispõem de estufas para a produção de plantas durante todo o ano. Durante a estação, cada agregado familiar pode reutilizar a água cinzenta para irrigação de jardins, relvados e culturas alimentares.

A utilização de águas cinzentas é segura se for tratada e utilizada corretamente e no prazo de 24 horas a partir do momento da recolha. Após este período, a água começa a ter um certo odor e desenvolve diferentes tipos de vírus que podem causar doenças ou prejudicar as plantas.

Figura 10 Sistema de águas cinzentas (Fonte: www.mygreenaustralia.com)

Na imagem acima é mostrado um ciclo de água cinzenta e a sua utilização. Pode ver-se que não é utilizada água da sanita ou da cozinha para recolher a água para purificação. É por esta razão que a água recolhida destas fontes é chamada água negra, porque pode conter azoto e agentes patogénicos. A água cinzenta provém das máquinas de lavar roupa, dos lavatórios e dos chuveiros, mas nunca das sanitas e dos trituradores de alimentos. Toda a água proveniente de fontes tem de passar por diferentes filtros para um tanque de reutilização, a partir do qual pode ser utilizada para lavar louça, sanitas ou irrigação.

4.2.3. Tratamento de águas cinzentas

Existem diferentes sistemas de recolha de águas cinzentas, bem como de purificação das mesmas para utilização posterior. Existem os sistemas manuais de recolha de água mais baratos, em que a água é recolhida em baldes e transportada para as fossas sépticas, a partir das quais se inicia o sistema de purificação. Este sistema é bom para os agregados familiares que já possuem fossas sépticas vazias e para os que utilizam uma grande quantidade de água apenas durante a época agrícola.

Outro sistema de recolha de águas cinzentas é através do furo, uma forma fácil e rápida, em que as águas cinzentas são separadas das águas negras e encaminhadas para a fossa séptica. Depois de os sólidos assentarem na fossa séptica, são transportados para o filtro de areia, de onde são bombeados para a sanita, para a máquina de lavar roupa ou para o sistema de irrigação. Este processo é mostrado na figura abaixo.

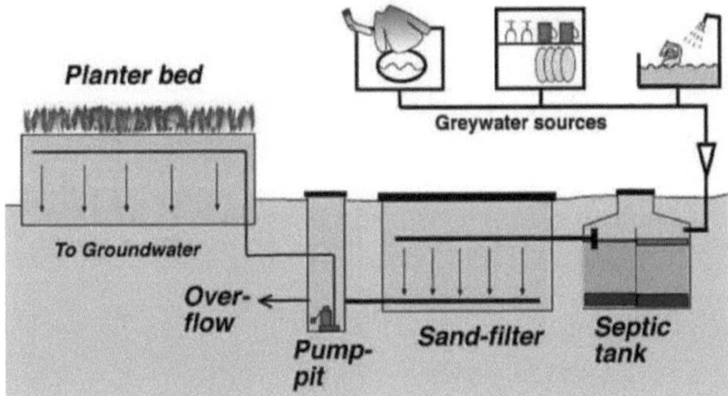

Figura 11 Processo de recolha de águas cinzentas (Fonte: www.greywater.com)

A lista seguinte é citada em www.greywatersystems.co.za :

Os profissionais são:

- Maior poupança para todos
- Irrigação boa e contínua
- O fornecimento de alimentos não é interrompido
- A irrigação de jardins e explorações agrícolas é reduzida a custos mínimos ou nulos
- Diminuição da procura de água doce
- Custos de bombagem e tratamento mais baixos

Os contras são:

- A água cinzenta não pode ser armazenada durante muito tempo ou os nutrientes nela contidos decompor-se-ão e começará a cheirar mal.

- A qualidade da água pode ser diferente, com níveis elevados de boro que podem destruir as culturas e as plantas

• Se os vegetais irrigados com água contaminada forem consumidos crus, causarão problemas de saúde como diarreia

• Transmissão de algumas doenças infecciosas através de produtos químicos tóxicos da água utilizada para as plantas

• Demasiado azoto, sódio e boro, que podem causar a degradação do solo e a contaminação das águas subterrâneas

(sustainablebuildingdesign.wordpress.com)

A rega das plantas pode preocupar muitos agricultores, pelo que é importante que tenham formação adicional sobre a manutenção dos sistemas de águas cinzentas. Começando por não reter esta água por mais tempo do que é seguro, antes de começar a desenvolver bactérias e vírus que podem prejudicar as plantas e os seres humanos. É recomendável fazer um interrutor para esta água, a fim de a transformar no sistema de esgotos quando não estiver a ser utilizada.

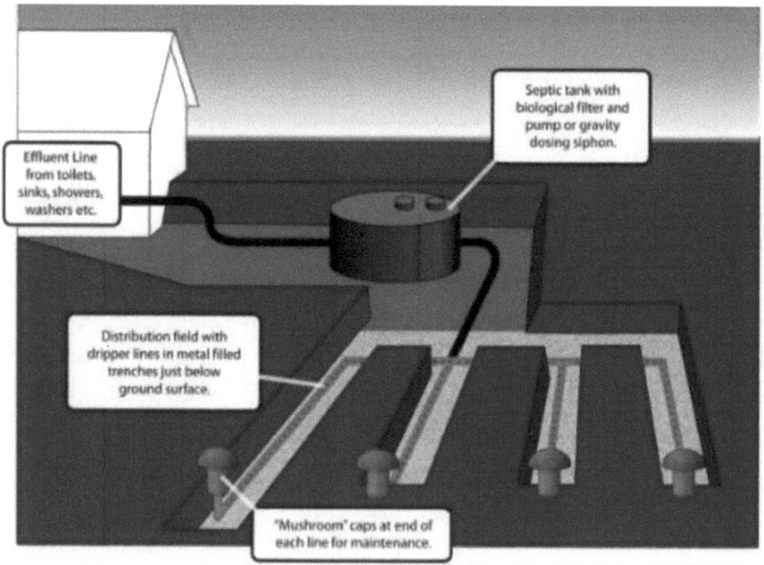

Figura 12 (Fonte: engineersinwarkworth.co.nz)

Para um sistema de rega mais eficiente e sustentável, recomenda-se a utilização de um sistema de rega gota-a-gota ou de aspersão temporizada. Um dos sistemas recomendáveis é mostrado na imagem abaixo. Aqui existe um tanque sético a partir do qual a água é purificada e distribuída para o campo, juntamente com tampas que permitem uma manutenção fácil.

4.2.4. Potencial de utilização de águas cinzentas

Partindo do princípio de que uma família média utiliza cerca de 17 metros cúbicos de água por mês, podemos fazer uma estimativa do potencial de águas cinzentas. Na secção de análise é mencionado que mais de metade da água é utilizada para irrigação das culturas. Se a água cinzenta for utilizada para irrigação, mais de metade da água será poupada no início.

As águas cinzentas são recolhidas da água utilizada para tomar banho, lavar a loiça e a roupa. No total, isto representaria cerca de 65% da utilização de água no interior da casa. Isto significa que cerca de 11 metros cúbicos podem ser utilizados como água cinzenta por mês e usados para fins agrícolas ou irrigação do relvado. Se considerarmos o preço atual da água de 0,40, numa base mensal um agregado familiar pode poupar até 4,4 euros em água.

4.3. Sistemas de recolha de águas pluviais

A precipitação nesta área oferece um grande potencial para se tornar uma fonte adicional de água para os agregados familiares. A água da chuva não está a ser utilizada em todo o seu potencial e, tendo mencionado que caem 597,9 mm de chuva durante um ano e até 100 dias de neve por ano, a instalação de sistemas de recolha de águas pluviais será uma oportunidade perfeita para fornecer mais água para irrigação, rega de plantas e relvados, lavagem de carros e outras utilizações da água da chuva como água secundária. Além disso, um investimento mais elevado pode proporcionar a instalação de sistemas de filtragem que podem aumentar as possibilidades de utilização da água da chuva para vários outros fins, mesmo como água potável.

Como resultado, isto contribuirá para um consumo reduzido da água da cidade e as facturas domésticas serão mais baixas. Outras utilizações possíveis desta água são a descarga de sanitas, a jardinagem, o sistema de aquecimento interior das casas, o gado, a irrigação e, com um tratamento adequado, pode ser utilizada para uso doméstico, como tomar banho, lavar a loiça, etc. Também pode ser utilizada como água potável.

4.3.1. Descrição técnica

Como se pode ver na imagem abaixo (ver figura), o sistema de captação de águas pluviais funciona da seguinte forma:

A primeira parte do sistema de recolha de água da chuva inclui a área de recolha. Na maioria dos casos, as áreas de recolha representam os telhados das casas. Os telhados devem ser feitos de materiais eficientes para a recolha de água do telhado, que não sejam tóxicos e não afectem a qualidade da água recolhida.

Após o processo de recolha, a água passa pelo sistema de transporte de tubos que transportam a água da área de captação para os tanques de armazenamento. Estes tubos devem ser feitos de plástico, madeira ou alumínio para não afetar a qualidade da água da chuva recolhida.

Finalmente, a água é armazenada em tanques ou cisternas de armazenamento, também feitos de materiais que não afectam a qualidade da água. Os melhores materiais são o betão, a fibra de vidro ou o aço inoxidável. Os tanques de armazenamento podem estar acima do solo ou dentro do solo, e podem estar diretamente ligados à casa ou a alguma distância dela.

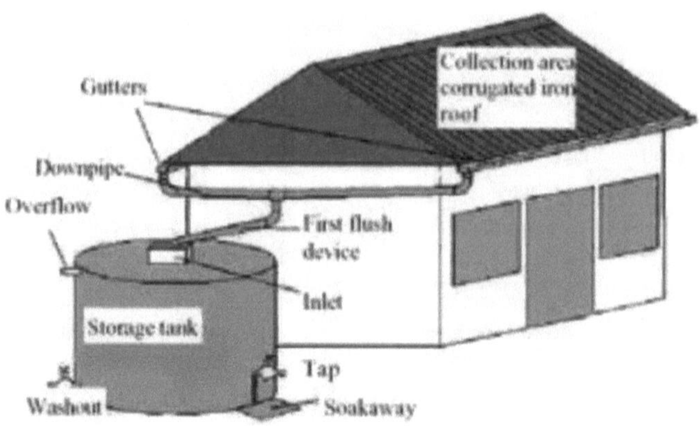

Figura 13 Sistema de captação de águas pluviais (fonte: maoxinadao.asia)

4.3.2. Instalação e manutenção

A vantagem do sistema de recolha de águas pluviais é a sua fácil instalação e manutenção. O custo de instalação é um custo inicial, esta alternativa é desprovida de outros custos. A água da chuva é gratuita e a tecnologia de recolha é fácil de manter, uma vez que este tipo de abordagem requer poucas competências e supervisão para funcionar. Os principais aspectos a considerar são a garantia da prevenção da contaminação do abastecimento de água, que pode ser regulada através da utilização de materiais adequados no telhado, na conduta e nos tanques de armazenamento acima mencionados.

Os requisitos mínimos para os reservatórios de águas pluviais são: uma cobertura sólida e segura, um filtro, um tubo de descarga, o sistema de extração (torneira ou bomba) e a saída de água para desviar a água derramada do reservatório de armazenamento. (www.oas.org) Os tanques de armazenamento devem ser limpos regularmente e a limpeza é feita esfregando as paredes interiores com uma solução de colina e enxaguando-as bem. (www.oas.org). A cobertura sólida e segura reduz a contaminação do ar, dos insectos e de outras pragas.

A cloração da água com pastilhas de cloro é necessária se a água for utilizada para beber e para uso doméstico. Se for utilizada para irrigação do jardim, os filtros serão a proteção suficiente.

Tabela 2Requisitos do sistema de captação de águas pluviais

Item	Requisitos
Telhado	Materiais de recolha não tóxicos e eficazes
Descarga do telhado e tubagens	Plástico, madeira, alumínio, fibra de vidro
Depósito de 1.000 l	Betão, fibra de vidro, aço inoxidável
Bomba	Não é necessário, depende da utilização
Filtros	Limpeza e manutenção regulares
Banho de imersão	Afasta a água do depósito de armazenamento

O investimento inicial é único e pode ser utilizado durante vários anos. O sistema de filtragem tem uma duração de vida superior a 20 anos, mas deve ser objeto de manutenção anual. Para além da instalação simples e da manutenção fácil, este tipo de sistema também é benéfico na recolha de água e no potencial de poupança de dinheiro.

4.3.3. Potencial de captação de águas pluviais

O melhor resultado possível do potencial do sistema de captação de águas pluviais no município de Gracanica é calculado da seguinte forma. A precipitação anual de 597,9 mm, a área média das casas domésticas no município de Gracanica é estimada em cerca de 80 metros quadrados. A recolha anual para 6.377 agregados familiares em todo o município seria igual a 3.045.655,2 metros cúbicos de chuva, o que equivale a cerca de 121,826 metros cúbicos por pessoa por ano, para além da água da cidade. Isto é aproximadamente igual a 10,15 metros cúbicos de água por pessoa por mês, o que é mais do que suficiente para satisfazer as necessidades de água. Em média, uma pessoa utiliza cerca de 17 metros cúbicos de água por mês, pelo que esta quantidade de água da chuva recolhida permitiria poupar mais de metade do consumo de água.

Dado o preço atual da água de 0,40 por metro cúbico, o cidadão médio poupará até 4 euros por mês em água. A longo prazo, a quantidade de água poupada em 597,9 mm de precipitação anual seria de 3.045.655,2 metros cúbicos. Multiplicado pelo preço atual da água de 0,40 dinares por metro, o montante de dinheiro que poderia ser poupado anualmente é igual a 1.218.262 euros no total, partindo do princípio que o preço da água se mantém inalterado no futuro.

Os benefícios do sistema de captação de água a longo prazo, nas melhores condições possíveis, serão superiores ao custo do investimento inicial. Para além disso, o potencial de poupança aumentará com o aumento do custo municipal da água e depende da precipitação média anual.

4.4. Recomendações

Depois de ter examinado e comparado exaustivamente três opções alternativas possíveis para a poupança de água no município de Gracanica, recomendo a utilização da recolha de águas pluviais como a melhor opção possível.

4.4.1. Recolha de águas pluviais

Em comparação com a utilização de águas cinzentas e com as opções de tratamento de águas residuais, que não alteram o nível de utilização da água do lago, mas proporcionam formas de reutilizar as águas residuais, a opção de recolha da chuva reduz a quantidade de água retirada do lago, utilizando outra fonte potencialmente boa de água - a precipitação.

No que diz respeito à quantidade de água utilizada, o sistema de águas residuais utilizará 40% das águas residuais, as águas cinzentas reutilizarão cerca de 65% da água utilizada em interiores (65% de metade do consumo mensal), enquanto as águas pluviais terão o potencial de recolher mais de 70% da fonte de água adicional para além do abastecimento de água da cidade.

Os riscos de utilização das águas residuais e das águas cinzentas são mais elevados do que os da utilização da água da chuva, mesmo com sistemas de filtragem e de purificação completos.

A utilização da água da chuva é mais segura se forem utilizados os materiais adequados para a recolha, transporte e armazenamento da água, e existe um menor risco de contaminação e de aparecimento de doenças. Para além disso, não há necessidade de tratamento da água da chuva, a não ser que esta água seja utilizada como água potável para o agregado familiar.

A estação de tratamento de águas residuais e o sistema de águas cinzentas fornecem as soluções para a gestão das águas residuais no município: a estação de tratamento de águas residuais trata a água antes da descarga, e as águas cinzentas reduzem o sistema de esgotos ao serem utilizadas para irrigação. A água da chuva, desde que possa ser utilizada para irrigação, não fornecerá água de esgoto adicional, e o facto de diminuir significativamente o consumo de água da cidade não alterará significativamente o estado atual da descarga de água.

Em termos económicos, a recolha de água da chuva é a opção mais barata. O sistema de águas cinzentas utiliza os sistemas de purificação de água semelhantes aos da estação de tratamento de águas residuais, sendo que a estação de tratamento e a utilização de águas efluentes representarão um enorme investimento, alterando toda a infraestrutura da conduta e a construção das unidades da estação.

E, finalmente, embora o abastecimento de água da chuva dependa inteiramente das condições meteorológicas e da precipitação na zona, o facto de esta água poder ser armazenada durante mais de 24 horas sem causar sérios riscos para a saúde das pessoas torna-a mais conveniente para utilização.

Dito isto, a recomendação é que os sistemas de captação de águas pluviais sejam introduzidos nos agregados domésticos do município de Gracanica.

4.4.2. Criação do serviço de serviços públicos

O município e as autoridades locais têm um papel importante neste projeto, uma vez que devem encorajar as pessoas a recorrer a este tipo de abastecimento de água através de subvenções, ou mesmo através da distribuição gratuita de tanques de armazenamento e barris para os membros do agregado familiar interessados. Este tipo de prática tem-se revelado muito bem sucedida nos países ocidentais. Nos EUA, são distribuídos gratuitamente barris para captação de água aos cidadãos interessados, e os funcionários dos serviços públicos ajudam a instalar o sistema nas famílias locais a um preço reduzido.

Se formos mais longe no problema de fornecer à população do município de Gracanica opções de recolha de águas pluviais, deveria haver um departamento especial de serviços públicos que pudesse trabalhar como fornecedor de serviços para sistemas de águas pluviais, tais como serviços de limpeza, serviços de purificação de água, prestação de serviços de instalação do sistema, etc. Este poderia ser um departamento sustentável, desde que o interesse pela recolha de águas pluviais se desenvolvesse. Traria novos postos de trabalho para as pessoas e, desta forma, para o desenvolvimento económico da área.

4.4.3. Contador de águas residuais

"Outra recomendação essencial para resolver a questão da eliminação das águas residuais é o desenvolvimento de um contador de águas residuais que meça a quantidade de água eliminada. Este pode ser um primeiro passo para resolver o problema, que mais tarde pode levar a uma melhoria gradual da gestão das águas residuais.

Capítulo 5. Conclusão

Tendo discutido o estado atual das águas no município de Gracanica e analisado três das possíveis soluções que podem aumentar a disponibilidade de água, foram feitas as seguintes conclusões.

A forma mais eficiente de aumentar a disponibilidade do recurso hídrico é a recolha de águas pluviais. De entre as três soluções alternativas possíveis, a recolha de águas pluviais parece ser o método economicamente mais eficiente, ecologicamente correto e socialmente aceitável para aumentar a utilização da água no município sem aumentar o consumo excessivo do recurso hídrico em constante diminuição no lago Gracanica.

A recolha de águas pluviais irá melhorar a disponibilidade de recursos hídricos, utilizando outra fonte de água potencialmente boa que não tinha sido praticada nesta área. Este método de criação de um abastecimento adicional de água ajudará a reduzir a captação do lago e fornecerá a água para uso doméstico nos agregados familiares do município de Gracanica. Como se afirma no documento, na melhor solução possível, com uma precipitação média anual de 598 mm, este método trará 3.045.655,2 metros cúbicos adicionais para todo o município. De acordo com isto, mais de 70% das necessidades de água serão cobertas por esta fonte de água adicional, reduzindo assim a necessidade de utilização de água da cidade por agregado familiar. Isto faz com que seja um método muito desejável que trará benefícios ecológicos e económicos para o município.

No que respeita à gestão da água, recomenda-se que o primeiro passo para uma melhor gestão da água seja permitir a medição bem sucedida da entrada e saída de água nas águas superficiais. Isto representará um importante passo em frente para a resolução de muitos problemas que ocorrem neste domínio, porque se se pode medir, pode-se melhorar.

Recomenda-se também a criação de uma empresa ou sector no âmbito dos serviços públicos que contribua para facilitar a instalação e manutenção dos sistemas de captação de água da chuva no município e que incentive os habitantes a passar a utilizar a água da chuva para a rega das suas culturas e relvados, reduzindo assim a utilização da água da cidade às necessidades domésticas básicas e desburocratizando o sistema de abastecimento de água.

Por conseguinte, o sistema de recolha de águas pluviais é uma das soluções possíveis para o problema da escassez de água neste município e a sua instalação e utilização contribuirão para uma vida melhor e para o bem-estar das pessoas neste município.

Capítulo 6. Bibliografia

6.1. Livros e artigos

Wright, Richard T. (2011): "Environmental Science", Pearson Education, 11ª edição, Estados Unidos

Mike, Alexander (2008): "Management Planning for Nature Conservation", Springer science and business media, Reino Unido

Goleman, Daniel (2010): "Inteligência Ecológica", Geopoetika, Belgrado

Ausden, Malcolm (2010): "Habitat Management for Conservation" Oxford University Press, Reino Unido

Rodic, Dragan (2005): "Geography", Instituto de manuais escolares e material didático, 12.ª edição, Belgrado

Callan, Scott J, Janet M. Thomas (2013): "Environmental Economics and Management", 6ª edição, South-Western Cengage Learning, EUA

Berisha, Fatlyme, Walter Goessler (2013): "Investigation of drinking water quality in Kosovo", Hindawi publishing corporation, Journal of Environmental and public health file:///C:/Users/Dragon/Downloads/374954.pdf (acedido em 16/11/14)

Município de Gracanica (2014):

"Plano de desenvolvimento municipal" Programa de apoio ao ordenamento do território municipal no Kosovo, Gracanica file:///C:/Users/Dragon/Desktop/3. MDP Final eng 2045.pdf (acedido em 16/11/14)

Petrovska, Ana (2013): "Avaliação Ambiental Estratégica para o Plano de Desenvolvimento Municipal de Gracanica" Relatório da AAE http://www.unhabitat-kosovo.org/repository/docs/SEA Gracanica environmental rep ort 132572.pdf (acedido em 16/11/14)

Rikalo, Nenad (2010): "Green Agenda Gracanica" Instituto 3E, Gracanica http://www.greenagenda.net/kosovo/wp- content/uploads/2011/10/zelena-agenda-gracanica-za-prikaz- 48-str-final.pdf (acedido em 16/11/14)

6.2. Fontes na Internet

www.oas.org:http://www.oas.org/dsd/publications/unit/oea59e/ch10.htm

www.ask.metafilter.com:

http://ask.metafilter.com/110951/Grey-Water-on-Veggies-and-

Doença-Transmissão

www.environment.nationalgeographic.com:

http://environment.nationalgeographic.com/environment/freshwater/water-calculator-methodology/

www.koeppen-geiger.vu:

http://koeppen-geiger.vu-wien.ac.at/

www.fao.org : http://www.fao.org/docrep/w5367e/w5367e04.htm#types de agentes patogénicos presentes nas águas residuais

www.hindawi.com:http://www.hindawi.com/journals/jeph/2013/374954/

www. kta - kosovo. o rg :

http://kta-kosovo.org/html/index.php?module=htmlpages&func=display&pid=21

www.water.worldbank.org :

http://water.worldbank.org/shw-resource-guide/infrastructure/menu-technical-options/wastewater-treatment

www.unep.or.jp:

http://www.unep.or.jp/ietc/publications/freshwater/sb_summary/10.asp

www.aces.nmsu.edu:http://aces.nmsu.edu/pubs/_m/M106.html

www.mygreenaustralia.com:

http://www.mygreenaustralia.com/wp- content/uploads/2011/07/grey_water.jpg

www.sustainablebuildingdesign.wordpress.com

http://sustainablebuildingdesign.wordpress.com/2014/05/28/lct- greywater-systems/

www.greywater.com:http://www.greywater.com/greysystem.jpg

Apêndice 1

Quadro 1: Presença de carga de CBO nos rios do município de Gracanica (Agência de Proteção Ambiental do Kosovo, 2010).

Villages	Housholds	Recipient	BOD load (kg/day)
Gračanica	1500	Gračanka	378
Dobrotin	300	Žegovački potok	75.6
G. Gušterica D. Gušterica	550	Janjevka	138.6
Kišnica	120	Gračanka	30.24
Novi Badovac	170	Gračanka	42.84
Laplje Selo	400	Gračanka	100.8
Preoce	200	Gračanka	50.4
Lepina	95	Sitnica	23.94
Radevo	70	Sitnica	17.64
Skulanevo	100	Sitnica	25.2
Suvi Do	150	Sitnica	37.8
Batuše	90	Sitnica	22.68
Sušica	180	Sitnica	45.36
Livađe	100	Sitnica	25.2
Čaglavica	100	Sitnica	25.2
TOTAL			1 039.5

Tabela 2. Valores máximos e mínimos médios mensais e anuais dos elementos hidrometeorológicos para o período 1961-1990 (www.hidmet.gov.rs)

	jan.	feb.	mar.	apr.	maj.	jun.	jul.	avg.	sep.	okt.	nov.	dec.	god.
TEMPERATURA													
Srednja maksimalna	2,4	5,5	10,5	15,7	20,7	23,9	26,4	26,7	23,1	17,1	10,1	4,1	15,5
Srednja minimalna	-4,9	-2,8	0,2	4,2	8,5	11,4	12,5	12,3	9,4	5,0	0,9	-3,1	4,4
Prosek	-1,3	1,1	5,0	9,9	14,7	17,8	19,7	19,5	15,9	10,6	5,1	0,4	9,8
Apsolutni maksimum	15,8	20,2	26,0	29,0	32,3	36,3	39,2	36,8	34,4	29,3	22,0	15,6	39,2
Apsolutni minimum	-27,2	-24,5	-14,2	-5,3	-1,8	0,5	3,9	4,4	-4,0	-8,0	-17,6	-20,6	-27,2
Sr. broj mraznih dana	25,3	19,9	13,8	2,8	0,1	0,0	0,0	0,0	0,2	4,0	12,3	22,6	101,0
Sr. broj tropskih dana	0,0	0,0	0,0	0,0	0,3	1,4	5,9	7,0	1,5	0,0	0,0	0,0	16,1
RELATIVNA VLAGA (%)													
Prosek	83	77	70	65	67	67	63	62	68	74	80	83	71
TRAJANJE SIJANJA SUNCA													
Prosek	70,8	96,0	143,0	184,0	227,9	246,3	299,3	289,6	225,8	173,5	96,9	70,2	2123,3
Broj vedrih dana	2,9	2,9	4,3	4,3	4,0	5,4	11,5	13,3	11,5	8,6	4,1	3,3	76,1
Broj oblačnih dana	15,3	12,6	11,4	9,4	7,6	5,8	3,2	2,8	4,7	7,5	11,6	16,1	108,0
PADAVINE (мм)													
Sr. mesečna suma	38,9	36,1	38,8	48,8	68,2	60,3	51,6	44,0	42,1	45,4	68,2	55,5	597,9
Max. dnevna suma	36,4	28,2	26,5	45,9	40,1	51,5	44,8	42,6	51,2	66,9	69,1	37,2	69,1
Sr. broj dana 0.1 mm	13,6	12,3	11,4	12,1	12,8	11,9	8,3	7,9	7,5	8,6	12,3	14,5	133,2
Sr. broj dana 10.0 mm	0,8	1,1	1,1	1,4	2,2	1,9	1,8	1,3	1,4	1,4	2,1	1,6	18,1
POJAVE (broj dana sa)													
Snegom	10,2	8,3	6,2	1,5	0,0	0,0	0,0	0,0	0,0	0,5	3,4	8,1	38,2
snežnim pokrivačem	15,1	10,2	4,6	0,70,0	0,0	0,0	0,0	0,0	0,0	0,1	4,2	12,7	47,6
Maglom	5,9	2,4	0,7	0,3	0,9	0,8	0,6	0,7	1,9	3,4	5,0	7,2	29,8
Gradom	0,0	0,0	0,0	0,0	0,2	0,2	0,2	0,1	0,1	0,0	0,0	0,0	0,8

Quadro 3: *Caraterísticas da qualidade da água das águas residuais domésticas (aces.nmsu.edu)*

Fonte de água	Caraterísticas
Máquina de lavar roupa automática	Lixívia, Espuma, pH elevado, Água quente, Nitrato, Óleos e gorduras, Carência de oxigénio, Fosfato, Salinidade, Sabões, Sódio, Sólidos em suspensão e Turbidez
Máquina de lavar louça automática	Bactérias, Espuma, Partículas de alimentos, pH elevado, Água quente, Odor, Óleos e gorduras, Matéria orgânica, Carência de oxigénio, Salinidade, Sabões, Sólidos em suspensão e Turvação
Banheira e duche	Bactérias, Cabelo, Água quente, Odor, Óleo e gordura, Carência de oxigénio, Sabões, Sólidos em suspensão e Turbidez
Arrefecedor evaporativo	Salinidade
Lava-loiças, incluindo os de cozinha	Bactérias, Partículas de alimentos, Água quente, Odor, Óleos e gorduras, Matéria orgânica, Carência de oxigénio,

	Sabões, Sólidos em suspensão e Turbidez
Piscina	Cloro e Salinidade

Tabela 4: *Tratamento para variáveis de qualidade da água (aces.nmsu.edu)*

Tratamento	Variável
Aeração	Odor, matéria orgânica, carência de oxigénio e pH
Aluno	Sabões e Turbidez
Filtragem de carbono	Odor
Cloragem	Bactérias e odores
Filtragem das culturas	Bactérias, Partículas alimentares, Sólidos em suspensão e Turbidez
Absorção das culturas	Nitratos, fosfatos, sabões e sódio
Diluição	Água quente, Nitrato, pH, Fosfato, Salinidade e Sódio
Filtragem	Partículas alimentares, Óleos e gorduras, Matéria orgânica, Sabões, Sólidos em suspensão e Turbidez
Flotação	Óleo e gordura
Peróxido de hidrogénio	Bactérias e odores
Cal	Bactérias, odor e sódio
Assentamento	Espuma, Partículas alimentares, Água quente, Matéria orgânica, Carência de oxigénio e Sólidos em suspensão
Filtragem do solo	Bactérias, Lixívia, Cloro, Espuma, Partículas de alimentos, Matéria orgânica, Carência de oxigénio, Sólidos em suspensão e Turvação
Absorção pelo solo	Nitrato, Fosfato, Sabões e Sódio Espuma de armazenamento, Partículas de alimentos, Água quente, Matéria orgânica, Carência de oxigénio, pH e Sólidos em suspensão

Apêndice 2

*Imagens 1 e 2: **O lago de Gracanica antes e agora.***

*Imagens 3, 4, 5: **Rio Gracanica - sinais visíveis de poluição e contaminação da água***

Imagens 6 e 7: **Locais de eliminação de resíduos e águas residuais no rio Gracanka**

Imagem 8: **Sistema de águas cinzentas utilizado para irrigação de plantas e relvados**

Imagem 9: **Tanque de armazenamento de água da chuva numa casa**

Questionário:

Gestão da água e opções de poupança de água no município de Gracanica

O objetivo deste questionário é fazer uma avaliação do estado atual da gestão da água no município de Gracanica e questionar a opinião pública sobre as possibilidades de poupança de água. Não serão necessários mais de cinco minutos do seu tempo para o preencher. Obrigado pela vossa ajuda!

1. Local de residência:

2. Idade:

- ☐ < 20
- ☐ 21 - 30
- ☐ 31 - 40
- ☐ 41 - 50
- ☐ 51 - 60
- ☐ > 60

3. Género:

- ☐ Masculino
- ☐ Feminino

4. Como classificaria o estado da água na sua cidade/ local de residência

- ☐ Muito limpo
- ☐ Limpo
- ☐ Nem limpo nem poluído
- ☐ Poluído
- ☐ Extremamente poluído

5. Qual é a sua opinião sobre o nível de importância dos seguintes problemas identificados?

	Não é importante	Importante	Muito importante
Descarga ilegal de águas residuais nos rios	☐	☐	☐
Conhecimentos limitados sobre a gestão da água	☐	☐	☐
Sem recursos (estação de tratamento de águas residuais, rede de esgotos, zonas de águas públicas)	☐	☐	☐
Falta de coordenação entre as autoridades locais e outros sectores na formulação de medidas políticas	☐	☐	☐
Falta de conhecimentos e de experiência dos trabalhadores do sector do abastecimento de água	☐	☐	☐
Cobertura inadequada do serviço de abastecimento de água	☐	☐	☐

Sessão gratuita: Introdução	Gramática	Vocabulário	Inglês do dia a dia	TESTE DE COLOCAÇÃO
	Tem	Tempo, dias, meses, estações do ano, adjectivos para	Dizer Olá, Ortografia, Idade	Gramática e vocabulário

		descrição		
Depois desta sessão, serei capaz de	Apresentar-me, soletrar palavras, fazer e responder a perguntas, descrever pessoas, perguntar as horas e falar sobre os meses do ano			

6. Acredita que os programas de poupança de água são:

- ☐ Importante
- ☐ Perda de tempo
- ☐ Não tenho a certeza

7. Na sua opinião, que tipo de mudanças contribuiriam para melhorar as condições ambientais na sua região?

>

8. Quantos metros cúbicos de água gasta por mês?

- ☐ Menos de 10 metros cúbicos
- ☐ 10 - 20 metros cúbicos
- ☐ Mais de 20 metros cúbicos

9. De 1 a 5, classifique a quantidade de água gasta nas actividades diárias do seu agregado familiar (sendo 1 a menor quantidade de água e 5 a maior):

	1	2	3	4	5
Irrigação/ Jardim	1	2	3	4	5
Cozinha	1	2	3	4	5
Casa de banho	1	2	3	4	5
Sanita	1	2	3	4	5
Lavandaria	1	2	3	4	5

10. Qual é a sua principal fonte de água:

- ☐ Água da torneira da cidade /
- ☐ Águas subterrâneas / água de poço
- ☐ Other (please specify)____

11. Em qual das seguintes actividades estaria interessado em participar?

- ☐ Programas educativos de reutilização de água e reciclagem
- ☐ Seminários de formação em matéria de ambiente
- ☐ Debates públicos sobre temas ambientais
- ☐ Acções de limpeza dos rios
- ☐ Utilização de águas cinzentas no seu agregado familiar
- ☐ Nenhuma das anteriores
- ☐ Outro (por favor escreva)

>

12. O que o motivaria a participar nas actividades relativas à utilização sustentável da água?

>

13. Qual das seguintes opções de água utilizaria?

- ☐ Recolha de água da chuva

▫ Utilização de águas cinzentas para irrigação

▫ Tratamento de águas residuais e utilização de águas residuais

▫ Todas as opções anteriores

▫ Nenhuma das anteriores

▫ Outro (especificar)_______________________________

14. Bebe água da torneira?   ▫ Sim ▫ Não

15. Utiliza água engarrafada   ▫ Sim ▫ Não

16. Em caso afirmativo, quantas garrafas de plástico utiliza, em média, por dia?

17. Por favor, classifique a importância da poupança de água para a sustentabilidade da vida na sua cidade/residência (1 sendo o menos importante, 5 sendo o mais importante)

    1   2   3   4   5

18. Por favor, escreva as suas sugestões/ ideias sobre como melhorar o estado da água na sua cidade?

Obrigado pelo vosso tempo!

More
Books!

info@omniscriptum.com
www.omniscriptum.com
OMNIScriptum